KB274845

Travel Schedule

1

2

3

4

5

MEMO

끄적 끄적

GO
주머니에 쏙! 가벼운 발걸음!
Happy Tour
오스트리아
AUSTRIA

체코
독일
린츠
Linz
빈
Vienna
오버외스터라이히
Upper Austria
잘츠부르크
Salzburg
아이젠슈타트
Eisenstadt
포어아를베르크
Vorarlberg
인스부르크
Innsbruck
잘츠부르크란트
Salzburger Land
스티리아
Styria
부르겐란트
Burgenland
티롤
Tirol
동티롤
East Tirol
카린티아
Carinthia
그라츠
Graz
스위스
헝가리
이탈리아
지중해

혜지원

이 책을 보는 방법
How to Use This Book

본서는 크게 지역별소개와 여행 정보의 두 부분으로 나뉘어져 있습니다. 지역별소개 부분에서는 오스트리아를 빈 시(시내, 링 거리, 링 거리 외곽, 빈 숲, 도나우 강), 부르크란트, 잘츠부르크, 인스부르크, 그라츠, 블루마우 온천 등으로 나누어 자세하게 소개했습니다.

각 지역은 교통 정보, 지도 등의 기본 자료뿐만 아니라 관광명소, 쇼핑, 유명식당, 편리한 숙소 등의 정보도 함께 실었습니다.

여행정보부분에서는 오스트리아 여행 시 반드시 필요한 비자, 항공편, 날씨 등의 정보 외에도 교통정보 및 사용화폐 등을 자세히 소개하여 여행의 편의를 도모했습니다.

쉽게 알아볼 수 있도록 전화번호, 팩스, 주소, 홈페이지, 영업시간, 교통 등을 포함한 지역별 소개의 여행정보는 모두 글씨를 확대하여 여행 중에도 편하게 읽을 수 있을 뿐만 아니라 알아보기 쉬운 범례로 표시하였습니다. 각 범례의 뜻은 다음과 같습니다.

지도페이지&좌표	팩스	홈페이지
교통	영업시간	E-mail
주소	휴업일	
전화	가격	

이 책에 표시된 가격은 모두 뉴질랜드 달러를 단위로 했으며, 책 속에 표시된 교통, 비용, 영업시간, 주소, 전화 등과 같은 변동성 항목은 각각 2006년 6월 이전에 수집된 자료를 기준으로 했습니다. 비용부분은 특별히 변동되기 쉬우니 참고하시기 바랍니다.

주머니에 쏙! 가벼운 발걸음! Happy Tour 오스트리아

◉가볍고 편안한 크기, 두껍고 무거운 여행서는 BYE BYE!
크기 10×21cm, 무게 200g, 편안하고 부담이 없어 주머니든 가방이든 어디든지 OK!!

◉만족스러운 정보들이 ALL IN ONE!
알짜 정보만 모아서 꼭 가보아야 할 관광 명소, 맛보아야 할 음식, 쇼핑 장소에 대한 정보를 모두 수록하였습니다.

◉효율적인 구성으로 언제 어디서든 쉽게 찾아 사용한다!
각 지역을 장과 절로 나누고 지도를 수록하여 필요한 정보를 쉽게 찾을 수 있습니다.

◉관광 명소＋식당＋쇼핑＋숙소, 나도 이제 여행전문가!
책에 수록된 곳을 스스로 선택하여 자신이 원하는 완벽한 여행계획(2박 3일, 4박 5일)을 짤 수 있습니다.

◉여행 필수 품목 No.1!
참신하고 예쁜 디자인, 한손에 쏙 들어가는 사이즈, 비닐 표지로 싸여있어 어디든지 들고 다닐 수 있습니다.

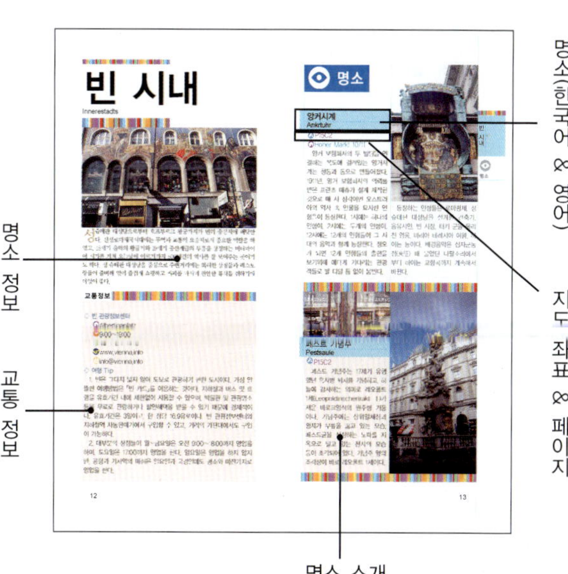

지역 명칭

지역 색인 & 단원(명소 · 쇼핑 · 식당 · 숙박 등)

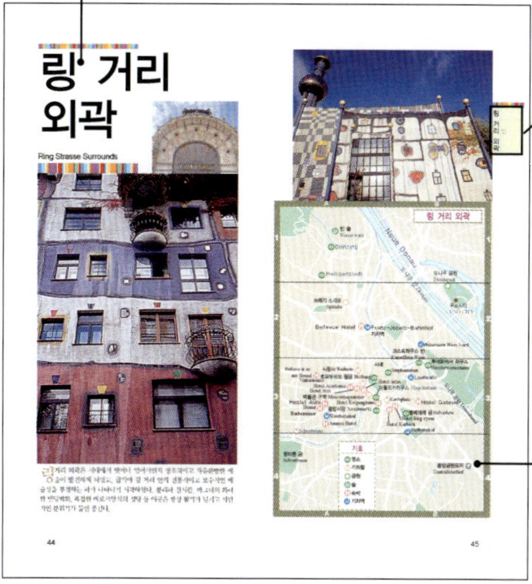

링 거리 외곽
Ring Strasse Surrounds
링 거리 외곽
44
45

지역별 지도

명소(한국어 & 영어)

빈 시내
Innerestadts
명소
앙커시계
Ankuhr
교통정보
페스트 기념주
Pestsaule
12
13

명소 정보

지도 좌표 & 페이지

교통 정보

명소 소개

이 책을 보는 방법

오스트리아를 즐기는 6가지 방법

방법1 대표적인 건축물 둘러보기

빈(Wien)은 합스부르크 왕가가 남겨놓은 귀중한 유산이다. 특히 마지막 황제 프란츠 요제프에 의해 조성된 링 거리(Ring strasse)와 유서깊은 건축물 등 빛나는 유산들로 인해 유럽의 진보적인 도시 중 하나가 되었으며 빈만의 독특한 도시적 면모를 갖추게 되었다.

방법2 잊을 수 없는 감동- 음악회

고전음악의 성지라 할 수 있는 빈은 매년 새해부터 음악축제의 막을 열기 시작한다. 3월에 개최되는 봄의 예술제, 그리고 7, 8월의 재즈페스티벌과 뮤직필름페스티벌, 잘츠부르크의 음악페스티벌 등 다채롭고 풍성한 볼거리들을 제공하고 있다.

방법3 감동적인 예술작품 둘러보기

오스트리아에는 문화예술이 눈부시게 발전했던 18세기의 귀중한 예술작품들이 많이 남아있다. 2001년에는 유럽 최대의 현대미술관(MQ)을 설립하였다. 오스트리아인들에게 예술은 이미 생활이 되었다.

방법4 독특한 기념품 구입하기

케른트너 거리와 그라벤 거리는 빈의 유명 상가지역으로, 명품매장과 레스토랑, 기념품점들이 즐비해 있어 매일 관광객들의 발걸음이 끊이지 않는다. 그리고 이곳에서는 맛있는 커피를 마실 수 있고 저렴하게 구입할 수도 있다.

방법5 향긋한 커피맛보기

1684년, 빈에서 첫 번째 카페가 문을 연 이후 오스트리아의 카페는 유럽카페의 전형이 되었다. 유구한 역사를 지닌 카페들은 여전히 은쟁반에 커피를 담아 손님들 앞에 내놓는다고 한다.

방법6 전통음식 맛보기

오스트리아의 식단은 일반적으로 전채요리, 주 요리, 샐러드, 스프, 후식 등으로 분류된다. 음식을 주문할 때는 개별로 주문할 수도 있다. 그리고 코스식사는 보통 샐러드나 주 요리 그리고 분식이 함께 곁들여져 나오며 양이 아주 많다. 꼭 한번 맛보도록 하자.

여행의 달인이 추천하는 일정

빈 둘러보기 - 3박4일

1일 : 벨베데레 궁전▶성 슈테판 대성당▶
호프부르크 왕궁, 국회의사당▶중앙시장
2일 : 파스콸라티하우스▶시립공원▶앙커시계▶
피가로하우스▶카페 자허▶분리파 전시관▶MQ박
물관구역
3일 : 훈데르트바서하우스▶빈 국립미술관▶
쇤브룬 궁전▶그린칭

잘츠부르크와 인스부르크
둘러보기 - 4박 5일

1일 : 벨베데레 궁전▶성 슈테판 대성당▶
호프부르크 왕궁, 국회의사당▶중앙시장
2일 : 잘츠부르크로 출발▶미라벨 궁전▶모차르
트 생가와 기념품점▶대주교 관저▶대성당▶게트라
이데 거리
3일 : 인스부르크로 출발▶호프부르크 왕궁▶황금
지붕▶성 야콥 사원▶스와로브스키 크리스털 월드
4일 : 빈으로 돌아옴▶케른트너 거리▶카페
하벨카에서 직접 만든 케이크와 커
피맛보기

빈

빈 시내

Innerestadts

성슈테판 대성당으로부터 호프부르크 왕궁까지가 빈의 중심지에 해당한다. 신성로마제국시대에는 무역과 교통의 요충지로서 중요한 역할을 하였고, 18세기 음악의 황금기와 19세기 중산계급의 부흥을 상징하는 비더마이어 시기를 거쳐 오늘날에 이르기까지 800년간의 역사를 잘 보여주는 곳이기도 하다. 성 슈테판 대성당을 중심으로 주변거리에는 화려한 상점들과 레스토랑들이 즐비해 있어 즐겁게 쇼핑하고 커피를 마시며 편안한 휴식을 취하기에 더없이 좋다.

교통정보

◎ 빈 관광정보센터
　🏠 Albertinaplatz
　🕘 9:00~19:00
　📞 43-1-211-14-0
　🌐 www.vienna.info
　@ info@vienna.info

◎ **여행 Tip**

1. 빈은 그다지 넓지 않아 도보로 관광하기 편한 도시이다. 가장 알뜰한 여행방법은 「빈 카드」를 이용하는 것이다. 지하철과 버스 및 트램을 유효기간 내에 제한없이 사용할 수 있으며, 박물관 및 관광명소 등을 무료로 관람하거나 할인혜택을 받을 수 있기 때문에 경제적이다. 유효기간은 3일이고, 한 장당 16.9유로이다. 빈 관광정보센터와 지하철역 자동판매기에서 구입할 수 있고, 거리의 가판대에서도 구입이 가능하다.

2. 대부분의 상점들이 월~금요일은 오전 9:00~18:00까지 영업을 하며, 토요일은 17:00까지 영업을 한다. 일요일은 영업을 하지 않지만, 공항과 기차역의 매점은 일요일과 국경일에도 평소와 마찬가지로 영업을 한다.

앙커시계
Ankrtuhr

P15C2

Hoher Markt 10/11

앙커 보험회사의 두 빌딩을 연결하는 복도에 걸려있는 앙커시계는 청동과 동으로 만들어졌다. 1911년, 앙커 보험회사의 의뢰를 받은 프란츠 매츄가 설계 제작한 것으로 매 시 정각이면 오스트리아의 역사 속 인물을 묘사한 인형들이 등장한다. 1시에는 하나의 인형이, 2시에는 두개의 인형이, 12시에는 12개의 인형들이 그 시대의 음악과 함께 등장한다. 정오가 되면 12개 인형들의 출현을 보기위해 애타게 기다리는 관광객들로 발 디딜 틈 없이 붐빈다.

등장하는 인형들은 로마황제, 성 슈테판 대성당을 설계한 건축가, 음유시인, 빈 시장, 터키 군을 물리친 영웅, 마리아 테레지아 여왕, 하이든 등이다. 배경음악은 십자군동정(東征) 때 불었던 나팔소리에서부터 하이든 교향곡까지 계속해서 바뀐다.

페스트 기념주
Pestsaule

P15C2

페스트 기념주는 17세기 유행했던 흑사병 퇴치를 기념하고, 하늘에 감사하는 의미로 레오폴트 1세(Leopoldinschertrakt Ⅰ)가 세운 바로크양식의 원주형 기둥이다. 기념주에는 삼위일체상과 황제가 무릎을 꿇고 있는 모습, 페스트균을 상징하는 노파를 지옥으로 밀고 있는 천사의 모습 등이 조각되어 있다. 기념주 옆의 조각상이 바로 레오폴트 1세이다.

A
B
포티프 성당 Votivkirche
Rosseveltplatz
Sigmund Freud Park
Kolingasse
Maria Theresien Maria Theresien
Schotten
Börsegasse
Neutorgasse
Gonzagagass
Börse
Esslinggasse
Werd
Alserstr. Universitätsstraße
Schottentor-Universität
Wipplingerstrasse
Hotel De France
Börseplatz
Landes.gerichtsstraße
Ebendorfer straße
Schottengasse
Schottenbast.Univers.Ipstit.
Helferstorterstrasse
Rocklgasse
ohenstaufengass
1
Rathaus straße
Liebiggasse
빈 대학 Universtät
베토벤하우스 Pasqualatihaus
Mölker Steig
Schottenstift
Puppenu Spielzeu Museum
Grillparzer straße
Reichsratsstr.
Rathaus straße
Ebendorfer straße
Café Landtmans
Oppolzerg.
Schreyvogelgasse
Freyung Bognerg.
Feuerwehr muserm
Renngasse
Landes.gerichtsstraße
Felderstrasse
Teinfaltstraße Rosen
Löwel Schenkenstr.
Bankgasse
Café Central
Heiden-schuß
Am Hof K.
Seitzergass
Friedrich Schmidt Platz
Rathausstr.
시청사 Rathaus
Rathaus platz
Dr.-K.-Renner-Dr.
부르크 극장 Burgtheater
Landhaus
L.-Figl G.
Herrengasse
Strauchg.
Freyung Bognerg.
Nalgerg.
Nalger
2
Lichtenfelsgasse
Bartensteing.
Löwel str.
Metast. g.
Herreng
U3
Kohlmark
데멜 제과점 Kohlmark
카렌 Grabe
Landes.gerichtsstraße
Rathausstr.
Stadiong.
카렌 Volks Garden
Kreisky G.
Schauflerg.
미하엘 성당 St. Michael K.
하웨커 카페 Café Hawaka
Habsburgerg
Stallburgg.
Doblhoff g.
국회의사당 Parlament
미하엘 광장 Michaelerplatz
호프부르크 왕궁 Hofburg
Auerspergstr.
Schmerlingplatz
Justizoalist
스페인 승마학교
영웅광장 Spanische Reitschule
Helden-Platz
요제프 광장 Josefsplatz
Bräuner
Dor otheergasse
Speigelgasse.Planko
Museumstr. Museumstr.
Volksgartenstr. Hansenstr.
Bellariastr. Bellariastr.
Burgring
Burgring
호프부르크 왕궁 Hofburg
Österreichische Theatermuseum
Dor otheergasse
Speigelgasse.
Neustiftgasse
Volkstheater 역 U2 U3
자연사 박물관 Naturhistorisches Museum
3
Bruggasse
Museumsplatz
마리아 테레지아 조각상
카렌 Burggarten
알베르티나 갤러리
Albertina
알베르티나 광장
박물관 구역 Museum Squartier Wien(MQ)
국립미술관 Kunsthistorisches Museum
자허 카페 Café Sacher
Philharm.str
Museum Squartier U2
Babenbergerstr.
Elisabeth Eschenbachg. Opernring
국립오페라 하우스 Stattsoper
Opperngasse
Elisabeth
Eschenbachg.
Rober-Stolz-Platz
Hotel am Opernri
Hotel Kummer
Mariahilfer Straße
Getreidemarkt Eschenbachg.
Nibelung engass
Gauermang.
Schillerplatz Straße
Elisabeth Straße
Kärntner Str.
4
Westend City Hostel
Königskloster
Theobaldgasse
Gumpendorfer Straße
Getreidemarkt
Nibelun gengasse
Friedrichstr.
Akademie der bildenden Kunste
Mariahilfer Straße
Theobaldgasse
St. Josef
Café Sperl
Gumpendorfer Straße
Technische Universität
Millöckerg.
Lehárgasse
Papagenog.
Getreidemarkt Wienzeile
분리파 회관 Secession
Treitlstr.
Wiedner Hauptstr.
U1
카렌 Technis
Lehárgasse
Girardig.
Linke Wienzeile
Rechte Wienzeile
Resselgasse
Operng.
Ressela
Technisch
Alfred Grünwald Park
Nasch-markt
Faulmann.g. Schaurhoterg.
Paniglg.
Hotel Pa
Linke Wienzeile
A
B

기호 설명
명소
부두
공원
식당
시장
광장
커피숍
주차장
관광정보

14

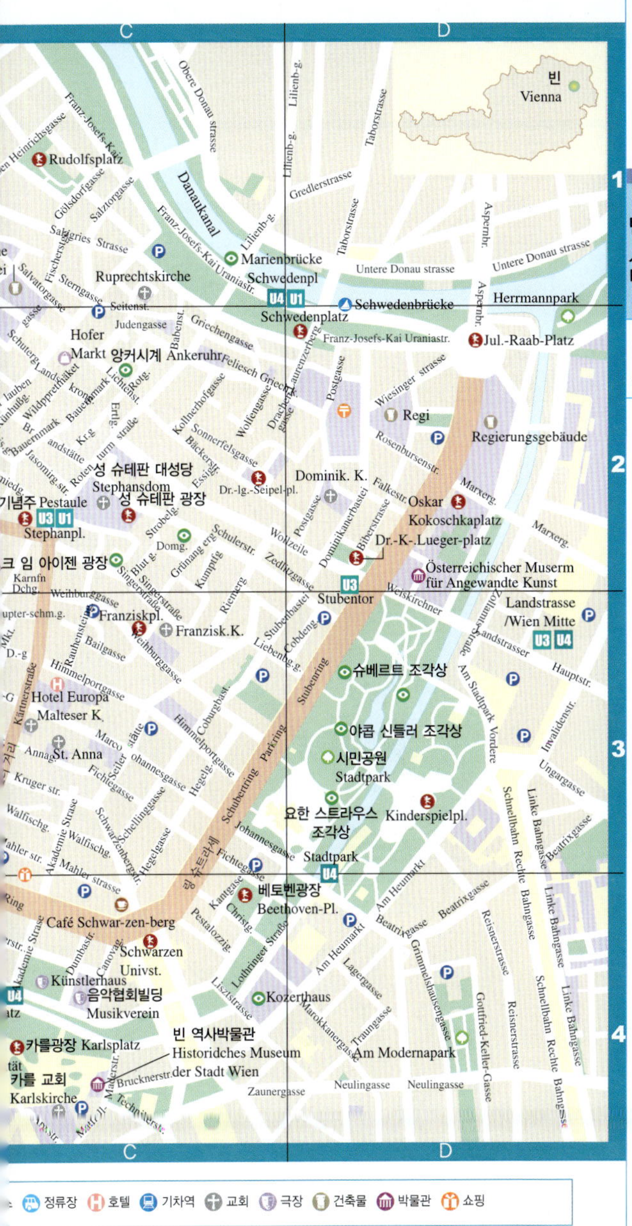

정류장 호텔 기차역 교회 극장 건축물 박물관 쇼핑

빈 지하철노선도

U1 지하철
⑤7 환승역
18 전차
R50 근교전철
🔃 기차

Tulln, Krems방향
Kahlenbergerdorf
Nußdorf
R40,R42
S40
S45
Leopoldsberg
Kahlenberg
38A
38A
Heiligenstadt
U4
Grinzing
38
Oberdöbling
Spittelau
⑤40
R40 R42
Krottenbachstr.
Nußdorger Str.
Franz-Josefs-Bahnho
Gersthof
Währinger Str.-Volksoper
S45
Roßauer
Hernals
Michelbeuern-AKH
Alser Str.
Ottakring
U3
46
Kendlerstr.
Hütteldorfer Str.
Johnstr.
Schweglerstr.
Josefstädter Str.
Thaliastr.
46
Ra
Purkersdorf-Sanatorium
Weidlingau-Wurzbachtal
Hadersdorf-Weidlingau
Hütteldorf
⑤3 ⑤15 ⑤45
49
Burgg.- Stadthalle
⑥ 18
Zieglerg.
49
Neubaug
Breitensee
⑤3
Penzing
⑤50 R50
58
S50
St. Pölten, R50
Linz, Salzburg
U4
Westbahnhof
ℹ
Gumpendorfer Str.
46
S3
S15
Ober St. Veit
Unter St. Veit
58
60
58
Braunschweigg.
Hietzing(Zoo)
Schönbrunn
Meidling Hauptstr.
Längenfeldg.
Niederhofstr.
Margaretengürtel
6,18
Pilgram
Muse
Qu
60
Speising
S15
S3
Lainzer Tiergarten
60B
⑤3 Meidling
Philadelphiabrücke
6,18
18
Wolfgangg.-Lokalbahn
Eichenstr.
6
Hetzendorf
Schöpfwerk
Gutheil-Schoder-G.
Matzleinsdorfer Pl.
Inzersdorf
S1,2,(3)
R10
Tschertteg.
Am Schöpfwerk
Alterlaa
Inzersdorf Personenbhf.
R11
Bl
Atzgersdorf
Erlaaer Str.
Neuerlaa
Perfektastr.
Schönbrunner Allee
Liesing
⑤3
Siebenhirten
U6
Vösendorf Siebenhirten
🔃
Wie
Wiener Neustadt, Graz, Villach방향
Baden방향

빈 시내
빈
명소
Bisamberg
Stammersdorf
31
Mistelbach 방향
S2
R20
Gerasdorf
Süßenbrunn
S1
dersdorf
방향
Jedlersdorf
Siemensstr.
S3
S1,2
Brünner Str.
R30
Leopoldau
R15
Gänserndorf,
Bernhardsthal
방향
Floridsdorf
U6
15
Breitenleer Str.
Neue Donau
R20
Hirschstetten
Handelskai
R80
Marchegg
45
S80
S80
Hausfeldstr.
Traiseng.
UNO-City
Kagran
U1
Alte Donau
Erzherzog-
Karl-Str.
cke
Kaisermühlen-
Vienna Int.Centre
R15,R30
S1,2,3,15
Donauinsel
Stadlau
31
Vorgartenstr.
Donaukanal
Schotten-
ring
Praterstern/Wien Nord
Lobau
7
R 15
R 30
hottentor-
ersität
Nestroypl.
U2
31
Donau
Neue Donau
Schwedenpl.
ter
City Air Terminal
Herreng.
umsquartier
Stephanspl.
Landstraße/Wien Mitte
Praterkai
Stubentor
Rochusg.
U2
Kardinal-Nagl-Pl.
71
Stadtpark
Schlachthausg.
Oper
Karlsplatz
18
Erdberg
S1,2,3,7,15
Gasometer
Zippererstr.
71
Rennweg
Taubstummeng.
Enkplatz
D
Belvedere
Haidestr.
St. Marx
Geiselbergstr.
6
Simmering
Sübahnhof
R20,R80
U3
6
71
Zentralfriedhof
tiroler Pl.
60
S7
55
80
Zentralfriedhof
Keplerpl.
S80
Kaiserebersdorf
U1
6
Grillg.
R61,R67
S60,S65
Schwechat
Wolfsthal
Reumannpl.
S7
67
Kurzentrum Oberlaa
Kledering
Neusiedl am See,
방향
Eisenstadt 방향

호프부르크 왕궁
Hofburg

🔷 P14B3

  700년간 오스트리아-헝가리제국을 통치한 합스부르크 왕가가 이곳에 거주했었다. 오스트리아-헝가리제국 통치의 중심지로 19세기 전 유럽대륙에 맹위를 떨쳤던 곳이기도 하다. 신 왕궁과 구 왕궁, 아말리엔부르크, 재상집무관, 헬덴광장, 국립도서관, 승마학교로 이루어져 있으며 19개가 넘는 안뜰과 화원, 그리고 2,500개가 넘는 방들로 구성되어 있어, 당시 합스부르크 왕가의 부와 권력이 어느 정도였는지 짐작할 수 있는 곳이다.

헬덴광장 Helden-Platz

  링 거리로 들어서면 가장 먼저 웅장한 광장이 눈에 들어온다. 광장 안의 왕궁 앞에는 19세기 터키의 침략을 물리친 영웅, 오이겐 왕자(Prince Eugene state)가 말을 탄 채 용맹스러운 모습으로 광장을 지키고 있다. 그 맞은편에

구 왕궁 Alte Burg

신성로마제국 황제로 즉위한 루돌프 1세를 기념하기 위해 건축된 것이다. 800년 전에는 원래 성채였지만, 여러 왕조를 거치면서 지금의 모습인 황제의 저택으로 바뀌었다.

스위스 문 Schweizertor

붉은색 바탕에 청색 가로줄무늬가 새겨진 스위스 문은 구 왕궁으로 들어가는 정문이다. 이 문 위쪽에는 합스부르크 왕가의 상징인 금빛쌍두독수리 문장이 새겨져 있다. 중세시대에는 거의 모든 왕궁이 민첩하고 충성심 많은 스위스 용병에게 성문을 지키게 했다고 한다.

는 나폴레옹에게 대승을 거둔 카를 대공작의 조각상이 있다.

신 왕궁 Neue Burg

프란츠 요제프 1세가 1881년에 재건한 신 왕궁은 반원형으로 된 네오 바로크양식의 건축물로, 호프부르크 왕궁에서 가장 웅장한 건축물에 속한다.

성 슈테판 대성당
Stephansdom

P15C2

Stephansdomplatz 3

(남쪽 탑)9:00~17:00(북쪽 탑)9:00~18:00

43-1-513-76-48

43-1-515-52-3746

www.stephansdom.at

office@sephansdom.at

800년의 유구한 역사를 지닌 고딕양식의 건물이다. 이 성당의 첨탑은 137m로 세계에서 두 번째로 높다. 여러 왕조들이 보수공사를 한끝에 현재의 모습을 갖추게 되었다.

성당의 마당과 성가대석, 그리고 양쪽 복도는 모두 14~15세기에 증축된 것이다. 남측 문 옆 예배당은 바로크양식의 건축물로, 성 슈테판 대성당 지붕 위에 오지기와(유리유약을 발라서 구운 기와)를 이어 붙여 합스부르크 왕가의 상징인 쌍두독수리(금관을 쓰고 금빛깃털에 훈장을 단 머리 두개달린 독수리) 모양을 표현했다.

성당 내부에는 필 그램이 제작한 설교단, 성모마리아와 예수를 묘사한 제단, 주 제단이 있다. 모두 정교하고 세밀하게 만들어져 있어 시간을 들여 찬찬히 감상해 볼 만하다. 양쪽으로 서 있는 화려한 고딕양식의 돌기둥들은 성당을 자연스럽게 세 구역으로 나누고 있다. 체력만 받쳐준다면 성당 남쪽에서 첨탑까지 나있는 343개의 계단을 올라가보는 것도 좋은 추억이 될 것이다.

왕궁예배당 BurgKapelle

🕐 (월~금)11:00–15:00
　　(토)11:00–13:00
🚫 7월~8월

　현재는 결혼식장으로 더 많이 이용되고 있다. 왕궁예배당 옆 궁정음악실(Hofmusikkapelle)은 빈 소년 합창단의 요람이다. 매주 일요일 오전 9시 15분(9월 중순~6월) 또는 미사 때 빈 소년 합창단의 영롱한 목소리를 들을 수 있다.

재상 집무관 Reichskanzlertrakt

　1723년 유명한 건축가가 지은 바로크양식의 건축물이다. 원래 마리아 테레지아 통치시절 재상이 거주했던 곳이었으며, 이후 1857~1916년까지는 프란츠 요제프가 황실로 사용하였다. 이중에서 관광객들의 인기를 한 몸에 받고 있는 곳은 우리에게 「시씨」라는 이름으로 잘 알려진 엘리자베스 황후가 썼던 방이다. 오스트리아인들의 사랑을 듬뿍 받고 있는 황후가 정말 천사처럼 어여쁜지 한번 가서 확인해 보는 것도 색다른 여행의 즐거움이 아닐까?

스페인 승마학교 Spanische Reitschule

📞 43-1-533-90-31
💲 공연입장료 25유로~130유로

　1572년 합스부르크 왕가가 설립한 승마훈련학교이다. 스페인으로부터 가져온 순종마로 고도의 승마기술을 훈련하기 때문에 스페인 승마학교라 불린다. 현재 겨울에도 승마장에서 화려한 승마술 공연을 하고 있다.

미하엘 광장 Michaelerplatz

　광장 앞에 놓여있는 괴이한 돌은 로마시대의 것으로 광장을 보수할 때 발견되었다. 이는 이 지역이 유구한 역사를 지니고 있음을 잘 보여주는 유물이다.

알베르티나 갤러리
Albertina

P14B3
(평일)10:00~18:00
(수)10:00~21:00
43-1-53483-0
43-1-53483-430
www.albertina.at
info@albertina.at

알베르티나 갤러리의 이름은 예술품 수집가 알베르티나(Albert of saxe-Teschen, 1738~1822)의 이름에서 딴 것이다.

마리아 테레지아의 딸 마리아 크리스틴(Marie christine)과 결혼한 이후 알베르티나의 소장품은 더욱 늘어났다. 6만 5000점의 그림을 포함하여 3만 5000권이 넘는 책, 약 1백만의 인쇄본 등 이곳에 소장되어 있는 그림과 예술 작품들은 세계 최고를 자랑한다.

슈토크-임-아이젠 광장
Stock-im-Eisen Platz

◈P15C2

성 슈테판 광장을 시작으로 그라벤 거리와 케른트너 거리가 만나는 지점에 슈토크-임-아이젠 광장이 있다. 광장 옆으로는 오스트리아의 대표적인 건축가 한스 홀라인(Hollein)이 1990년에 설계한 하스하우스(Haas Haus)가 있다. 대리석과 유리로 지어진 이 건축물은 불규칙적인 외관이 특징이다.

맞은편에는 고딕양식의 성 슈테판 대성당이 자리하고 있다. 전혀 어울릴 것 같지 않은 두 건축물은 완공된 후 빈 시민들로부터 비난을 받았으나 지금은 이러한 이질적인 조화로움이 이 광장의 특별함으로 자리 잡고 있다.

쇼핑

케른트너 거리
Kärtnerstrasse

P15C3

그라벤 거리와 마찬가지로 빈에서 가장 번화한 거리이다. 브랜드 숍, 레스토랑, 기념품점, 분위기 좋은 노천카페들이 즐비하게 들어서 있어 관광객들의 발걸음이 끊이지 않는다. 기념품을 사고 싶다면 케른트너 거리로 가보자. 살아있는 듯한 도자기 인형, 섬세한 십자수 공예품들이 사람들을 매료시킨다. 또 분위기 좋은 카페에서는 향긋한 커피를 비교적 저렴한 가격에 구입할 수 있다.

2003년부터는 예술가들이 다양하게 분장을 한 말들을 이끌고 거리를 질주하는 행사를 하고 있어, 더욱더 활기 넘치는 거리가 되었다. 게다가 밤이 되면 상가에서 뿜어져 나오는 네온사인 불빛이 낭만적인 분위기를 연출하고 있다. 이것 역시 빈의 또 다른 매력이 아닐까 싶다.

카페 콘디토라이
Café Konditorei

P15C3
Kärtnerstrasse
(평일)8:00~20:30
(주말, 공휴일)10:00~18:00
초콜릿 개당 0.5유로부터

번화가에 위치한 카페 콘디토라이는 화려하고 활기가 넘친다. 이 카페에서는 커피를 판매하기도 하지만, 관광객들을 위해 지친 다리를 쉬어갈 수 있는 자리도

락스
Laks

P15C3
Kärtnerstrasse 16
(평일)10:00~18:00
(토)10:00~18:00
43-1-799-15-85
43-1-799-10-66
세계 명화작품 시계 개당 93유로부터
www.laks.com
laks@laks.com

1986년 설립한 오스트리아의 손목시계회사인 락스는 「Design Your Time」을 표어로 내걸고 예술적인 손목시계를 제작하고 있

마련해 두고 있어 빈 시민들의 정을 느낄 수 있는 곳이다. 1층에 진열되어 있는 다양한 모양의 초콜릿을 비롯해 맛있는 사탕과 케이크들이 지나가는 손님들을 향해 손짓하고 있다. 정교하게 만들어진 초콜릿은 예술작품처럼 환상적이고, 그 맛 또한 더할 나위 없이 향긋하고 달콤하다.

다. 정교하게 제작된 락스의 손목시계는 디자인이 참신하고 다양하여 최신유행을 이끌고 있다. 스포츠용, 숙녀용 시계는 물론, MP3 기능이 있는 최신형 시계와 USB 메모리를 장착한 시계도 있다. 이 밖에 세계의 명화를 시계판이나 시계 줄에 고스란히 옮겨 놓은 「ART」컬렉션은 진열대 안에서 가장 돋보이는 제품이라 할 수 있다. 그 중에 클림트, 반 고흐, 모네, 다빈치 등 유명한 화가들의 작품이 그려진 손목시계는 음악의 도시 빈의 예술적 경지를 잘 보여주고 있는 것들이라 할 수 있다.

그라벤 거리
Graben

🔺P15C2

빈에서 가장 아름다운 거리이다. 이곳에는 고급상점들과 백화점, 유명 건축가가 디자인한 건축물, 페스트 기념주 등 볼거리들이 많다. 노천카페와 노점들, 제과점 앞에 마련된 안락한 휴식공간에서 빈 시민들과 정겹게 이야기를 나눌 수도 있다. 그라벤 거리는 원래 적의 침공을 막기 위해 만들어진 성곽을 둘러싼 연못이었다. 1225년 이 연못을 메워 거리를 만들었고, 18세기에는 왕과 귀족들이 이 거리에서 성대한 행사를 벌이기도 했다.

외스터라이히쉬 베르크슈타텐
Österreichisch Werkstatten

- P15C3
- Kärtnerstrasse 6
- 10:00~18:00
- 43-1-512-2418
- 43-1-512-2418-25
- office@austrianarts.com

빈의 예술적인 숨결을 좀 더 깊이 느껴보고 싶다면 외스터라이히쉬 베르크슈타텐에 가보자. 절대 후회하지 않을 것이다.

「Form+Function」의 뜻을 지닌 외스터라이히쉬 베르크슈타텐은 예술과 생활을 접목하여 「빈 공방(Wiener Werkstatte)」의 정신을 이어가고 있다. 「빈 공방」의 창립자 중 한 사람인 요제프 호프 만 (Josef Hoffmann, 1870~1956)이 1948년에 이곳을 설립하였다. 그가 만든 의자, 소파, 유리그릇은 오늘날까지 귀중한 예술품으로 대중들에게 인정받고 있다.

2003년에는 「빈 공방」 창립 100주년을 맞아 1903년 이후의 많은 예술작품들을 전시한 무료 전시회를 열었다. 또 금속식기, 피혁제품, 나이프와 포크, 유리식기, 보석과 문구용품 등 당대의 정신이 깃들어 있는 제품을 개발하여 실생활에서 예술의 정교함과 소박함을 마음껏 체험해 볼 수 있는 기회를 관람객들에게 제공하였다.

제이 & 엘 로브메이어
J & L Lobmeyr

- P15C3
- Kärtnerstrasse 26
- 10:00~18:00
- 43-1-512-0508

오스트리아의 크리스털은 세계적으로 유명하다. 이곳 역시 크리스털 제품을 파는 유명한 상점이다. 세계적인 명성의 오페라하우스와 궁전의 샹들리에는 모두 이곳에서 제작된 것들로 대부분 고가이다. 가끔 정교하게 만들어진 포도주잔을 할인 판매하는데, 저렴한 가격에 질 좋은 제품을 만날 수 있으니 기회가 된다면 절대 놓치지 말자.

카페 자허
Café Sacher

- P14B3
- Philharmonikerstrasse 4
- 8:00~24:00
- 43-1-51-456-0
- 자허토르테, 커피 3유로부터
- www.sacher.com
- wien@sacher.com

1810년에 설립된 카페 자허는 같은 이름의 고급호텔도 함께 경영하고 있다. 산뜻하고 밝은 호텔 외관과 단정하게 차려입은 종업원들을 보면 마치 상류사회 인사들이 자주 드나들던 카페 같기도 하다. 이곳의 자허토르테 (Sachertorte) 또한 빈 관광 중 빼놓을 수 없는 명물이다.

1832년, 창업자인 프란츠 자허 (Franz Sacher)는 메테르니히 재상(Prince Kelmens Bon Metternich 1773~1859)에게 독특한 맛의 초콜릿 케이크를 만들어 주었고, 맛을 본 메테르니히는 극찬을 아끼지 않았다고 한다. 그리고 케이크에 'Sacher'라는 성을 붙인 것이 자허토르테의 유래이다. 자허토르테는 초콜릿 스펀지케이크 사이사이에 향긋한 살구 잼을 바르고, 맨 위에는 슈거

카페 하벨카
Café Hawelka

- P14B2
- Dorotheegasse 6
- (월~수)8:00~새벽2:00
  (주말, 공휴일)16:00~새벽 2:00
- 43-1-512-8230
- 화요일
- 커피 한잔과 수제 케이크 한 조각이 9유로부터

빈을 방문한 사람들이 꼭 한번 들러보고 싶어 하는 카페이다. 사람들은 카페의 흔적을 찾아 작은 골목을 이리저리 누비는 수고도 마다하지 않는다. 유명 작가 헨리

파우더를 잔뜩 뿌린 초콜릿조각이 얹혀있으며, 그 옆에 생크림이 곁들여 나오는 초콜릿 케이크이다.

색다른 맛을 보고 싶다면, 피아커(Fiaker)를 주문해보자. 짙은 모카커피 한잔에 체리 브랜디를 넣어 향기롭기 그지없다. 이것을 마시면 겨울에 추위를 이길 수 있다고 알려져 있어, 마부들이 겨울에 말을 끌고 밖으로 나가기 전에 마셨다고 한다. 한 가지 주의할 점은 겨울에 이 카페에 들어갈 때는 반드시 모자와 외투를 종업원에게 맡겨야 한다는 것이다.

밀러가 가장 좋아했던 이 카페는 이미 많은 잡지와 신문에 수차례 소개된 적이 있다. 연기가 자욱한 실내는 빈에서 가장 오래된 카페의 정취를 느끼기에 부족함이 없다.

갓 구워낸 살구케이크가 오븐에서 막 나올 때면 학생들과 관광객, 그리고 단골손님들로 가득차 카페 안은 혼잡하기 이를 데 없다. 나이가 많은 사장은 카페 안을 이리저리 돌아다니며 손님들과 인사를 나누기도 하고, 카페에 대한 기사가 실린 신문을 스크랩해 들고 다니면서 옛날이야기를 들려주기도 한다. 하벨카 사장이 카페 문 앞에 서있는 모습의 사진은 전 세계 여행가이드북에 자주 등장하는 단골메뉴가 되었다.

카페 하벨카에는 메뉴가 없다 커피도 브라실커피를 볶아서 내린 한 종류밖에 없다. 해질 무렵이면, 낡고 푹신한 소파에 앉아 큰소리로 웃고 떠드는 젊은이들, 카페 안을 이리저리 지나다니는 하벨카 사장, 시대를 망라한 신문과 여기저기 붙어있는 홍보물 등, 자유로운 분위기가 가득하다.

카페 첸트랄
Café Central

P14B2
Herrengasse 14
(월~토) 7:30~20:00
(일)10:00~18:00
(공휴일)10:00~22:00
피아노연주:
(월~토) 16:00~21:00
(일)12:00~17:00
43-1-533-3764-24
43-1-533-3764-22
커피 2유로부터
www.ferstel.at
cafe.central@palaisev-
ents.at

1876년부터 유명 작가들을 비롯한 수많은 예술가들이 자주 집결하던 장소로, 예술가들의 숨결을 가까이서 느낄 수 있는 카페이다. 1913년에 이 카페는 250여 종에 달하는 잡지와 신문들을 손님들이 열람할 수 있도록 개방하였다. 당시 지식인들은 이곳에서 사상을 교류하고 토론하면서 문학창작에 몰두하였다. 카페는 자유로운 사고로 문학적인 창작을 할 수 있는 장소를 제공해 준 것이다.

이곳은 그 당시의 건축구조를 그대로 보존하고 있어, 관광객들이 명성만 듣고 찾아올 정도로 인기가 많다. 페르스텔(Ferstelat) 공작 관저를 개조하여 만든 이 카페에는 세계적으로 유명한 작가 페터 알텐베르크(Peter Altenberg)의 조각상이 있다. 베토벤, 슈베르트, 요한 슈트라우스 부자 등 많은 음악가들과 클림트, 에곤 쉴레 등의 화가들 역시 이 카페의 단골손님들이었다.

콘디토라이 데멜
Demel Konditorei

- P14B2
- Kohlmarkt 14
- 10:00~19:00
- 43-1-535-1717-39
- 43-1-535-1717-26

빈 역사의 일부분이라고 할 수 있는 콘디토라이 데멜은 콜마르크트 거리 14번지에 위치해 있다. 1785년, 미하엘 광장에 처음으로 문을 연 이곳은 1857년, 크리스토프 데멜(Christoph Demel)이 가게를 운영하면서 번창하기 시작했고 1888년에 현재 위치로 옮겨졌다. 과거에는 호프부르크 황실 지정 제과점으로, 개업 후 왕실 귀족들 모두가 이곳의 과자를 즐겨먹었다고 한다. 지금은 누구나 왕실에서 즐겨 먹었던 과자와 커피를 맛볼 수 있다. 데멜이 만든 과자는 제과점 밖에도 진열되어 있으며, 포장도 가능하다.

식당

숙박

H 숙박

Hotel Kummer
- P14A4
- Mariahilfer Strasse 71a
- 43-1-588-95-0
- 43-1-587-81-33
- 85유구
- 카드 사용 가능
- www.hotelkummer.at

Hotel Papageno
- P14B4
- Wiedner Hauptstrasse 23-25
- 43-1-504-6744
- 43-1-587-81-33
- 78유로~174유로
- www.hotelpapageno.at

Hotel Brig-Cyrus
- P45B3
- Laxenburgerstrasse 14
- 43-1-602-2578
- 39유로~119유로
- www.hotelbirg.com

Believe-It-Or-Not-Hostel
- P45A3
- Myrthengasse 10 / 14
- 43 1 526 4658
- 10.5유로~13.5유로
- www.believe-it-or-not-vienna.at

Alibi Hostel
- P45A3
- Wilhelm Exner-Gasse 4
- 43-664-570-8551
- 24유로~32유로
- www.alibihostel.com

링 거리

Ring Strasse

빈의 중심부를 둘러싸고 있는 링 거리는 길이 4km, 폭 60m정도의 링 모양의 넓은 도로이다. 원래 외부의 침략을 막기 위해 쌓은 성벽이었지만, 1957년 12월, 프란츠 요제프 황제가 성벽을 허물고 당시 유럽에서 가장 유명한 건축가에게 설계를 하도록 명했다. 거리 양쪽에는 고딕양식과 신고전양식, 르네상스, 복잡한 바로크양식으로 지어진 건축물들이 늘어서있다. 트램을 타면 더욱 편안하게 둘러볼 수 있다.

시립공원
Stadtpark

🔺 P15D3

광활한 녹지에 분수와 연못이 어우러져 빈 시민들의 편안한 휴식처가 되고 있는 시립공원은 1862년에 조성되었다. 12명의 유명한 예술가 및 음악가의 조각상들을 감상할 수 있는 곳이기도 하다. 입구에서 좌측으로 가면 아름다운 화원에서 황금빛을 발하며 바이올린을 연주하고 있는 「왈츠의 왕」 요한 슈트라우스를 만나볼 수 있다. 전해지는 이야기에 의하면, 요한 슈트라우스 조각상은 원래 청동색이었으나,

일본인들이 이 조각상을 너무나 좋아해서 특별히 황금빛으로 칠하였다고 한다. 현재는 빈을 방문한 모든 사람들이 한번쯤 와보고 싶어 하는 유명한 관광명소가 되었다.

4월에서 10월 사이, 매일 오후가 되면 관현악단들이 요한 슈트라우스 조각상 앞에서 왈츠를 연주하고, 저녁에는 무용수들이 왈츠 공연을 한다. 강변을 따라 걷다보면 빈의 대표화가인 야콥 쉰들러(Jakop Schindler)의 동상이 초원 위를 지키고 있고, 다리 건너에서는 600여 곡의 낭만적인 가곡을 작곡한 프란츠 슈베르트의 동상을 만날 수 있다.

빈 국립 오페라하우스
Staatsoper

🔺 P14B3
🏠 Opernring 2
🕐 가이드 투어(리허설이 없을 때) 단체는 반드시 사전에 예약해야 함
☎ 43-1-514-44-0
📠 43-1-514-44-2330
💲 음악회 입장료, 내용에 따라 정함(가이드투어 5유로)
🌐 www.wiener-staatsoper.at
@ eva.dintsis@wiener-staatsoper.at

빈 국립 오페라하우스는 링 거리의 건축물 가운데 가장 먼저 완공된 르네상스양식의 건물이다. 1869년 5월 25일 모차르트 오페라 돈

지오반니(Don Giovanni)를 시작으로 찬란한 공연예술의 막을 열었다. 현재 전 세계의 유명 작곡가, 지휘자, 연출가, 성악가들이 빈 국립 오페라하우스에서 공연하는 것을 일생의 영예로 여기고 있을 정도로 세계적인 명성을 떨치고 있다. 클래식 음악을 비롯하여 1년에 300회 정도의 공연을 하고 있으며, 공연을 반복하지 않는 것이 특징이다. 빈 국립 오페라하우스는 상시 개방되어 있어, 관광객들은 내부의 화려한 계단과 귀빈실 및 유명 작곡가 14명의 반신조각상들도 감상할 수 있다.

빈 국립미술관
Kunsthistorisches Museum

- P14A3
- Maria–Theresien–Platz
- (화~일)10:00~18:00
  (목)10:00~21:00
- 일요일
- 43-1-525-24-0
- 43-1-525-24-4099
- 10유로
- www.khm.at
- info@khm.at

세계 4대 예술박물관으로 손꼽이는 빈 국립미술관은 합스부르크 왕가가 수백 년 간 수집해온 예술품을 비롯하여 에곤 쉴레, 라파엘로, 티치아노 등 르네상스 시대 예술 대가들의 회화작품을 전시하고 있다.

고대 그리스와 로마, 이집트 문화, 르네상스 시대의 조소와 회화 작품들이 완벽하게 보존되어 있어 유럽의 미술사를 한 눈에 볼 수 있다. 이 수많은 유물들이 모두 합스부르크 왕가의 사유물이었다고 하니 당시의 부와 권력을 짐작할 수 있다.

국립미술관은 자연사박물관과 함께 링 거리에 있다. 국립미술관의 맞은편에 있는 자연사박물관은 건축가 고트프리트 젬퍼(Gottfried Semper)에 의해 설계되었으며, 국립미술관과 마찬가지로 르네상스양식으로 지어진 화려한 건축물이다.

19세기 말, 합스부르크 왕가는 이미 예술과 과학이 인류역사에서 중요한 위치를 차지하게 될 것이라고 예견하였는데, 그 예견은 틀리지 않았다.

전시관의 배치

박물관 내부는 화려한 계단으로 연결되어 있다. 계단 위에는 고대 그리스 시인이자, 비극의 창시자인 배우 테스피스의 기념작품들이 있다. 모두 안토니오 카노바(Antonio Canova)가 제작한 것이다.

그리스 로마관

그리스 로마 문물은 합스부르크 왕가가 매우 귀중하게 여기던 재산 중 하나이다. 이곳에는 마노, 조개껍질로 만든 장식품, 고고학 문물 등 기원전 3000년 부터 1000년까지의 유물들을 전시하고 있다.

조각장식 예술관

이곳에는 크고 작은 조소와 수공예품들에서부터 아주 정교하게 만들어진 과학 측량 기구에 이르기까지 다양한 유물들이 전시되어 있다.

루돌프 2세(Rudolf II)는 30년 전쟁(618~1648년, 독일을 무대로 신교와 구교 간에 벌어진 종교전쟁) 당시 혼란한 상황 속에서 귀중한 유물들을 프라하에서 빈까지 운반해 왔다고 한다. 그의 문화예술에 대한 애정에 감탄하지 않을 수 없다.

회화관

레오폴트 대공의 대표적인 소장품들이 전시되어 있다. 17세기 독일 네덜란드 통치시절에 수집한 것으로, 르네상스 시대 베네치아파 회화의 대표 화가들인 티치아노와 벨리니, 틴토테토의 작품을 주로 전시하고 있다. 그밖에 15~17세기 플랑드르(지금의 벨기에와 프랑스 동북의 변경) 시대의 대표적 인물인 루벤스, 렘브란트, 베르메르, 반 아이크, 반 다이크의 작품들도 전시되어 있다.

이집트 및 중동 관

이집트 관에는 기원전 2400년의 이집트 상형문자에서부터 벽화, 여신의 초상화, 석관 등이 주로 전시되어 있으며, 바빌론과 아라비아의 고적들도 전시되어 있다.

마리아 테레지아 조각상
Statue of Maria- Theresia

🔷 P14A3

　국립미술관과 자연사박물관 사이에 있는 마리아 테레지아 조각상은 독일의 조각가 줌부시(Zumbusch)의 작품이다. 조각상 가장 위쪽에 마리아 테레지아가 앉아 있고, 고부조로 조각된 16명의 인물들은 마리아 테레지아 시대의 풍운아들을 상징한다. 그들 중에는 하이든과 모차르트도 있다.

자연사박물관
Naturhistorisches Museum

🔷 P14A3
🏠 Maria-Theresien-Platz
🕐 (평일)9:00~18:00
　(수)9:00~21:00
🚫 화요일
📞 43-1-521-77-0
💲 8유로
🌐 www.nhm-wien.ac.at
@ homepage@nhm-wien.ac.at

　1889년에 개관하였으며, 내부에 전시되어 있는 소장품들은 국립미술관과 비슷한 수준이다. 원래 호프부르크 왕궁과 벨베데레 궁전 안에 있어서 왕족들만 감상했지만, 링 거리가 완성된 후 소장품들을 모두 옮겨 지금의 위치에 자리 잡게 된 것이다. 자연사박물관은 역사문물을 비롯하여 광물, 고생물, 인류, 동식물의 화석과 표본 등 광범위한 유물들을 모두 6개의 전시관으로 나누어 전시하고 있다.

빈 대학
Universtat

🔹P14A1

🏠Dr.Karl-Lueger-Ring 1

　1365년에 설립된 빈 대학은 604년의 역사를 지닌 전통 있는 대학이다. 체코의 프라하대학 다음으로 세계에서 두 번째로 독일어 학부를 개설했으며 프로이트 같은 유명 인사들도 많이 배출했다. 대학 기숙사는 1884년에 재건하여 완공된 것으로, 중앙 홀에는 프로이트의 반신상이 아직까지 잘 보관되어 있다. 포티프 성당을 설계한 하인리히 폰 페르스텔은 빈 대학을 이탈리아 르네상스양식으로 설계하였는데, 이것은 인문과학이 중세 종교 통치세력을 대신하였다는 의미가 담겨져 있다고 한다.

포티프 성당
Votivkirche

🔹P14A1

🏠Rooseveltpatz 8

🕘9:00~16:00

　링 거리에 위치한 포티프 성당은 쌍둥이 탑이라고도 불린다. 두 개의 뾰족한 탑이 아주 인상적인 이 성당은 하인리히 폰 페르스텔이 고딕양식으로 지은 것으로, 1879년에 완성되었다. 교회들이 대부분 군대와 전쟁 영웅들에게 헌정되었기 때문에 봉헌(votive) 교회란 뜻인 "보티프기이헤(Votivkirche)"라 명명되었다.

　이 성당의 기원은 감동적인 이야기에서 유래되었다고 한다. 1853년 2월 18일, 오스트리아 황제 프란츠 요제프 1세(Franz Josef I)가 산책하고 있을 때 어디선가 자객이 나타나 황제를 죽이려 했으나, 이때 도살업을 하던 사람이 길을 지나가다 황제의 목숨을 구해준 사건이 일어났다. 이에 황제의 동생 페르디난도 막스말란 대공(훗날 멕시코의 황제가 됨)이 황제가 위험을 모면한 것을 하나님께 감사드리기 위해 헌금을 모아 이 성당을 지었다고 한다.

파스콸라티하우스
Pasqualatihaus

- P14B1
- Mölker Bastei 8
- 10:00~13:00
  14:00~18:00
- 월요일
- 43-1-535-89-05

거칠고 괴팍한 성격의 소유자

였던 베토벤은 집주인에게 자주 내쫓겼다. 빈에서만 30번이 넘게 거처를 옮겨 다니다가 정착한 이 곳에서 그는 교향곡 4번, 5번, 7번, 8번과 가곡 〈피델리오 (Fidelio)〉 등 주옥같은 명곡들을 작곡하며 가장 왕성하게 활동했다. 이곳은 빈 대학 근처에 위치해 있으며, 건물 안 옥탑에서 창

국회의사당
Parlament

- P14A2
- Dr. Karl-Renner-Ring 3
- 가이드 투어:
  (월, 화)10:00, 11:00, 14:00, 15:00, 16:00
  (수, 목)10:00, 11:00, 14:00, 15:00, 16:00, 17:00
  (금)10:00, 11:00, 13:00, 14:00, 15:00, 16:00
  (토)10:00, 11:00, 12:00, 13:00
- 43-1-40-110-2715
- 43-1-40-110-2249
- 4유로
- www.parlament.gv.at
- service@parlament.gv.at

지금은 오스트리아 국민의회와 연방의회가 자리 잡고 있는 곳이다. 1874년, 이 건물을 설계한 건축가 테오필 한센(Theopil Hansen)이 민주주의는 그리스에서부터 시작되었다는 것을 나타내기 위해 고대 그리스의 건축양식을 많이 모방하였다고 한다. 정면에는 그리스의 코린트식 기둥을 사용하였고, 삼각모양의 지붕에는 프란츠 요제프 1세가 17개의 민족을 향해 헌법을 공포하는 장면을 표현하였다. 의회 광장 앞에 있는 높이 4m에 달하는 분수

문 밖을 내다보면 빈숲이 훤히 내다보인다.

베토벤이 비교적 오래 살았던 곳이어서 그런지 아직까지 많은 악보들이 보존되어있다. 구비된 헤드폰으로 아름다운 선율을 감상할 수도 있어 당시 베토벤의 생활을 짐작할 수 있다.

시청사
Rathaus

P14A2
Friedrich-Schmidt-Platz 1
가이드 투어:
(월, 수, 금)13:00, 반드시 한 달 전에 예약을 해야 함, 행사기간 중에는 가이드 투어 잠시중단
43-1-525-50
43-1-4000-7100
www.wien.at
kanzlei-sti@bue.mag-wien.gv.at

시청사는 1872년에서부터 1883년까지 11년에 걸쳐 지어진

신 고딕양식의 건축물로, 건물의 높이가 99m에 달한다. 바로 옆에 자리한 포티프 성당의 높이가 100m인데 하느님보다 높은 것은 있을 수 없다는 원칙 때문에 1m 낮게 지었다고 한다.

고딕양식의 첨탑·끝에는 손에 긴 창을 들고 완전무장을 한 높이 3.4m의 「시청사의 철인」이 서 있다. 시청사 앞 광장에서는 1년 내내 풍성하고 다채로운 행사가 열리는데, 그중 5월에 열리는 빈 예술제와 연말에 열리는 음악회가 가장 볼 만하다.

는 카를 쿤트만(Karl Kundmann)이 디자인한 것으로, 분수 맨 위에는 아테네 여신상이 서있다. 여신상 아래의 분수 4개는 오스트리아-헝가리제국의 4대 하류인 도나우 강, 인 강, 엘바 강, 블타비아 강을 의미한다.

베토벤광장
Beethoven-Platz

▲ P15C4

콘서트홀 건물 맞은편에 위치한 작고 아담한 광장으로, 1880년, 베토벤을 숭배하는 사람들이 기념비를 세운 후부터 베토벤광장이라고 명명되었다. 기념비는 줌부시(Zumbusch)의 작품이다. 베토벤 조각상 주위를 에워싸고 있는 9명의 작은 천사들은 그가 작곡한 9편의 교향곡을 상징한다.

무직페어라인
MusikVerein grossersall

▲ P15C4
🏠 Dumbastr.3

르네상스양식으로 지어졌으며, 음악을 사랑하는 사람들의 천국이라 할 수 있는 곳이다. 약 2,000명의 관중을 수용할 수 있는 이 음악 홀의 특별석은 금박을 입힌 18개의 기둥으로 받쳐져 있어서 「금색 홀」이라고도 불린다. 1867년 「음악동우회」(Friend of Music / Gesell scheft der musikfreunde)에 의해 설립되었고 세계적으로 유명한 빈 관현악단 필 하모닉 오케스트라(wienen Philharmonkier Drehes ter / Veinna Philharmonie Orchesfra)의 본부가 이곳에 있으며, 해마다 열리는 「빈 신년음악회」(Neuja Hrakonz ertin wien / New Year's concertin vienna)가 공연되는 장소이기도 하다.

부르크극장
Burgtheater

🔺 P14A2

🏠 Dr. Karl-Lueger-Ring 2

🕐 가이드 투어:
　(9월~6월)15:00
　*영어, 독일어만 가능
　(공휴일-독일어만)11:00
　(7월~8월)14:00, 15:00
　*영어, 독일어만 가능

📞 43-1-514-44-4140

📠 43-1-514-44-4143

💲 음악회입장료, 내용에 따라
　다름(가이드 투어 4유로)

🌐 www.burgtheater.at

✉ info@burgtheater.at

「음악과 연극의 성전」이라는 이름에 걸맞게 빈에는 극장이 한 집 건너 하나씩 있을 정도로 많다. 부르크극장은 이들 극장 중에서도 가장 유명한 곳이며, 가장 표준적인 독일어로 공연을 하고 있다. 또한 세계적 수준의 배우들도 이곳에 특별출연 하고 있다. 부르크극장에서 공연을 하는 것은 이미 예술적으로 최고의 수준에 다다랐음을 의미한다고 한다.

1741년에 테레지아 여황제가 창설한 부르크극장은 원래 성 미카엘 광장에 건축되었다가, 1888년 이후 현재 위치에 이탈리아 르네상스양식으로 재건되었다. 링거리에 위치하여 시청사와 정면으로 마주보고 있으며, 입구 위쪽에는 태양신 아폴로와 비극의 뮤즈가 조각되어 있다.

카페 란트만
Café Landtmann

- P14A2
- Dr. Karl-Lueger-Ring 4
- 7:30~24:00
- 43-1-241-00-0
- 43-1-532-06-25
- 다과, 커피 5유로부터
- www.landtmann.at
- cafe@landtmann.at

부르크극장 옆에 위치한 카페 란트만은 1873년에 문을 열었다. 인근에 시청사와 부르크극장이 있어 왕궁귀족들과 상류사회 인사들의 사교장이었다. 유명배우들까지 분장을 지운 후 이곳에 들렀다고 한다. 이곳은 자연적으로 그 당시 상류사회 인사들이 자주 이용하는 장소가 되었으며, 오늘날까지도 정재계 유명 인사들을 비롯해 배우, 대학교수들까지 이곳에 모습을 드러내고 있다.

카페 슈바르-첸-베르크
Café Schwar-zen-berg

- P15C4
- Kärntner Ring 17
- (월~금, 일)7:00~24:00
- (토)9:00~24:00
- 43-1-512-89-98
- 43-1-512-8998-30
- 다과, 커피 2.2유로부터
- www.cafe-schwarzen-berg.at
- cafe-schwarzen-berg@verkehrsbuero.com

국립 오페라하우스와 무직페어라인, 그리고 콘서트홀 중간쯤에 위치한 이 카페는 1865년 문을 연 후부터 줄곧 최고의 인기를 누리고 있다. 이곳에서는 '모차르트 커피' 등 커피에 유명한 음악가의 이름을 붙였다. 사실 맛은 일반커피와 다를 바 없지만 친절하게 모차르트 초상화가 그려진 도자기 찻잔에 커피를 담아주고, 여기에 돈을 조금만 더 주면 커피를 마셨던 찻잔을 기념으로 가져 갈 수 있다.

카페 내부는 19세기의 건축형태와 실내인테리어를 원형 그대로 보존하고 있다.

오페라 감상을 마친 후 흥분과 감동이 가라앉지 않는다면 이곳에 와서 커피를 마셔보자. 창립자 프란츠 란트만(Frazn Landtmann)의 이름을 딴 이 커피는 향긋하고 부드러운 크림과 진한 커피 맛이 조화를 이룬다. 그 맛을 음미하다 보면 어느새 마음은 여유로워질 것이다. 이곳은 즉석에서 만든 케이크와 달콤한 과자 외에도 맛있는 살구 잼이 케이크 속에 숨어있는 Buchtel Mit Vanillesauce이 유명하다. 설탕 파우더를 뿌린 고깔모자 같은 케이크 밑에 크림시럽을 뿌려 다시 한번 구워 내온다. 달콤하고 향긋한 크림에 찍어 먹으면 더욱 맛있다.

Hotel am Opernring
- 14B3
- Opernring 11
- 43-1-58-75-518
- 43-1-58-75-518-29
- 140유로~380유로
- 카드 사용 가능
- www.opernring.at

Hotel Europa
- P15C3
- Kärntner Straße 18
- 40 1 515 01
- 106유로~237유로
- www.verkehrsbuero.at/hotel-leng.htm

Hotel De France
- P14B1
- Schottenring 3
- 43-1-31-368-0
- 138유로~190유로
- www.hoteldefrance.at

Hostel Ruthensteiner
- P45A3
- Robert Hamerlinggasse 24
- 43-1-893-42-02
- 15.5유로~28유로
- www.hostelruthensteiner.com

Hotel Kolpinghaus
- P45A3
- Gumpendorfer Strasse 39
- 43-1-587-5631-0
- 45유로~85유로
- www.kolping-wien-zentral.at

Westend City Hostel
- P14A4
- Fugergasse 3
- 43-1-597-6729
- 18유로~65유로
- members.aon.at/westend

링 거리 외곽

Ring Strasse Surrounds

링 거리 외곽은 시내에서 벗어나 있어서인지 창조적이고 자유분방한 예술이 발전하게 되었고, 급기야 링 거리 안의 전통적이고 보수적인 예술성을 부정하는 파가 나타나기 시작하였다. 분리파 전시관, 바그너의 화려한 빌딩벽화, 복잡한 바로크양식의 성당 등 이곳은 항상 활기가 넘치고 서민적인 분위기가 물씬 풍긴다.

링 거리 외곽
A
B
빈 숲
Wienerwald
Grinzing
Heiligenstadt
Neue Donau
도나우 강 Donau
도나우 공원
Donaupark
1
쓰레기 소각로
Spittela
우노시티
UNO-CITY
2
Bellevue Hotel
Franz-Josefs-Bahnhof
기차역
Praterstern Wien Nord
코스트하우스 빈
KunstHaus Wien
시내
후데르바서 하우스
Hunderwasserhaus
Believe-it-or-not Hostel
시청사 Rathaus
Stephansdom
Volkstheater
호프부르크 왕궁 Hofburg
Hotel Atlas
Landstraße
Hotel Academia
마욜리카하우스 Majolkahaus
Hotel Avis
박물관 구역 Museumsquatrtier
도나우 운하 Donaukanal
Hostel Alibi
Hotel Kolpinghaus
Karlsplatz
Hotel Gabriel
Hostel Ruthenstiner
중앙시장 Naschmarkt
벨베데레 궁 Belvedere
Westbahnhof
Hotel Birg-cyrus
Ananas Hotel
Hotel Kolbeck
Schönbrunn
Südbahnhof
3
쉔브룬 궁
Schönbrunn
기호
명소
지하철
공원
숲
숙박
기차역
중앙공원묘지
Zentralfriedhof
4

박물관구역
Museum Quartier Wien

 P45A3
 Museumplatz 1
 9:00~19:00
  (10월 하순~4월 중순)
  9:00~18:00
 43-1-523-5881-1723(1704)
 MQDUO Ticket 16유로(현대미술관, 레오폴트 박물관 입장권 포함), MQArt Ticket 21.5유로(현대미술관, 레오폴트 박물관, 빈 아트 홀 입장권 포함), MQCombination ticket 25유로(현대미술관, 레오폴트 박물관, 빈 아트홀, 건축센터 입장권 포함)
 www.mqw.at
@ office@mqw.at

2006년 6월 29일, 빈은 유럽 최대의 박물관 구역을 조성하였다. 이는 21세기에 들어 추진한 가장 획기적인 프로젝트이다. 6만 m²의 부지에 들어선 박물관구역은 빈 시내의 규모와 맞먹을 정도이며 그 자체를 작은 도시라고

할 수 있다. 이 자그마한 예술도시에는 현대박물관, 극장, 어린이 박물관 등이 있어 모든 사람들에게 예술과 문화, 음악과 오락거리를 제공하는 복합 문화공간으로 자리 잡았다. 또 관광객들에게 다양한 예술을 직접 체험할 수 있는 기회도 제공하고 있다.

빈 아트홀 Kunsthalle Wien

🕐 10:00∼19:00
(목)10:00∼22:00

🛑 수요일

💲 첫 번째 전시관 7.5유로, 두 번째 전시관 6유로, 쿠폰 10.5유로

세계적인 작품을 전시하고 있는 빈 아트홀은 여러 학문의 벽을 넘어선 예술적 표현방식을 잘 보여주는 곳이다. 특히 사진, 녹음기, 영화, 실험건축 등 20세기 이후 빠른 속도로 발전한 과학예술들을 광범위하게 전시하고 있다. 빈 아트홀은 현대예술을 주로 전시하며, 모던함과 전통 예술의 연결공간을 마련하고 있다. 전시실 이외에도 공연장, 음악회, 영화감상실 등 다양한 시설이 갖추어져 있어 다채로운 예술을 즐길 수 있다.

아트문화센터 The Art Cult Center

담배의 역사에 대해 아주 완벽하고 자세하게 전시되어있으며, 15세기 담배부터 오늘날까지의 담배발전사와 담배문화에 대해 소개하고 있다. 또한 관람객들이 직접 참여할 수 있는 다채로운 체험 행사들도 진행되고 있다.

레오폴트 박물관 Leupold Museum

🕐 (월∼일)10:00∼18:00
(목)10:00∼21:00

🛑 화요일 💲 9유로

레오폴트 박물관은 안과의사 레오폴트에 의해 창립되었다. 박물관의 조명은 눈의 건강을 생각하여 자연 채광을 이용했다. 벽 역시 눈의 피로를 덜어주는 대리석 재료를 사용하여 밝고 부드러운 빛이 작품을 감상하는 관람객들을 더욱 편안하게 한다. 박물관 안에는 오스트리아의 유명 예술가들의 작품이 전시되어 있다. 그 중 38점이 에곤 쉴레의 작품이고, 클림트와 오스카 코코슈카(Oskar Kokoschka)의 작품도 있다. 이 외에 신예술 시대의 가구와 실용적인 가구, 수공예품, 옷장, 책상들도 전시하고 있다.

현대미술관 MUMOK(Museum Moderner Kunst Stiftung Ludwig Wien)

🕐 (월∼일)10:00∼18:00
(목)10:00∼21:00

🛑 월요일 💲 8유로

중유럽 최대 규모의 예술 전시관인 현대미술관은 건축물 자체

만으로도 훌륭한 예술 작품이라 할 수 있는 곳이다. 회색빛 현무암으로 이루어진 외벽과 주철, 현무암, 강철, 유리로 인테리어를 한 내부가 한데 어우러져 미래적인 감각이 느껴진다. 전시품으로는 전형적인 현대주의 작품과 일반 예술품, 사진작품과 빈 행동주의의 작품들이 있다.

어린이 박물관
Zoom Kindermuseum

- (월~금)8:30~17:00
  (주말, 공휴일)10:00~17:30
- 가족쿠폰 12유로, 어린이 5유로, 성인 3.5유로

빈에서 어린이를 대상으로 설계된 첫 번째 박물관이다. 일반전시를 비롯하여 풍성한 행사일정도 마련해 놓고 있다. 특히 흥미로운 것은 부모와 아이들이 함께 즐길 수 있는 행사를 기획하고 있다는 것이다. 그 외에 「해양」이라고 부르는 유아용 놀이방 시설도 있다. 또 테마전시실 이외에도 자그마한 체험실과 공작실 등이 마련되어 있어 마음껏 만져보고 만들어보며 놀 수 있게 하였다.

건축 센터
Archite kturzentrum Wien

- (월~일)10:00~19:00

(수)10:00~21:00
- 7유로

매년 4~6차례의 큰 기획 전시회와 비교적 소규모의 전람회 행사를 개최한다. 건축역사의 변천사 및 유행하는 건축양식과 작품들을 일반대중들에게 소개하기도 한다. 그리고 건축 강좌 및 연설, 건축여행에 관한 가이드와 건축에 관련된 출판물 등 다양한 이벤트도 연다. 건축 관련 도서관도 이곳에 있다.

빈 예술 공방
Depot Art and Discussion

- (월~금)14:00~19:00
- 수요일
- 첫 번째 전시관 7.5유로, 두 번째 전시관 6유로, 쿠폰 10유로

예술품에 흥미가 있거나 예술품에 대해 일가견이 있다면 이곳에 가보자. 혹시 귀중한 보물을 건지게 될지도 모른다. 빈 예술공방에서는 예술가들의 강연, 작품 전시, 연구토론회, 좌담회, 연구과정 등 예술에 관한 거의 모든 행사가 열린다. 또한 이곳의 도서관에는 예술이론을 비롯한 예술비평, 문화, 성별연구, 언론미디어, 영화, 문화정책 등에 관련된 다양한 책들이 소장되어 있다.

분리파 전시관
Secession

 P14B4

 지하철 U1, U2, U4선 Karlsplatz 역에서 하차

 Friedrichstrasse 12

 (화~일)10:00~18:00
 (목)10:00~20:00

 43-1-587-53-07

 43-1-587-53-07-34

 8유로

 www.secession.at

 office@secession.at

제2차 세계대전 때 훼손되었던 분리파 전시관은 1973년 다시 보수공사를 하여 지금의 모습을 갖추게 되었다.

분리파 전시관은 구파 건축가와 궁정귀족들에 반대하는 예술가들이 1898년 창설하였고, 바그너의 제자인 요제프 마리아 올브리히(Joseph Maria Olbrich)가 설계한 것으로, 20세기 초의 예술혁명을 잘 보여주는 산물이다. 황금빛의 월계수 잎들로 이루어진 둥근 돔 모양이 가장 특징적으로 당시 보수 세력들은 이를 「도금한 배추」라고 조롱하기도 하였다. 흰색의 외벽은 옅은 부조화로 장식하였고, 정문에는 부엉이와 메두사의 두상이 장식되어 있다. 삼각형 처마에는 『시대에는 시대의 예술을, 예술에는 예술의 자유를(Der Zeitihre Kunst, Der Kunst iher Freiheit)』이라는 글귀가 새겨져 있다. 내부에는 유명한 클림트의 벽화와 빈 신예 예술가들의 작품들도 전시되어 있다.

분리파 운동이란 1902년 분리파 제14번째 전시회를 말하는 것이다. 이 전시회는 분리파의 화가들이 최고의 전성기를 누리고 있다는 것을 의미한 것으로, 전시주제는 「천재적인 음악가 베토벤」이었으며, 클림트의 벽화, 독일의

예술가 막스 클링커(Max Klinger)의 조소, 건축가 요제프 호프만(Josef Hoffmann)의 실내 인테리어 등 몇 명의 분리파 회원들이 이 전시회에 참가하였다. 이외에 음악가 마헬(Gustav Mahler)은 개막식 당일 그가 편곡한 베토벤의 교향곡 9번 제4악

장을 직접 지휘하기도 하였다.

현재 분리파 전시관에는 클림트의 벽화만 남아있는데, 이는 70년대 오스트리아 정부가 이곳을 보수할 때 개인이 소장하고 있던 것을 구입하여 원래 있던 자리로 되돌려 놓았기 때문이다. 클림트의 벽화는 지하의 홀 4면의 벽에 길이 34m에 이르는 그림을 그려 넣은 것이다. 회관 지하실에서 벽화의 일부와 당시 클림트의 스케치도 볼 수 있다. 이 대형 벽화는 양측 벽면 윗부분에 그려졌으며 각각 5가지의 특징이 있다. 첫째, [행복에 대한 동경] 비상하는 인간을 상징한다. 둘째, [약한 자의 고난] 땅에 무릎을 꿇은 부부가 완전무장한 기사에게 애걸하고 있는 장면이다. 셋째, [적대하는 힘] 거인 자이언트(Giant Typhoeu)와 뱀 머리카락을 가진 마녀 고르곤(Gorgons)이 그려져 있는데, 이들은 질병과 실성, 죽음을 상징한다. 네 번째는 시와 음악을 상징하는 비상하는 인간과 하프를 타는 여인이 그려져 있다. 이것은 시와 음악이 인류에게 행복을 가져다준다는 의미가 담겨져 있다. 마지막 다섯째는 천사와 부인들이 한 쌍의 부부를 에워싸고 성가를 부르고 있다. 인류가 예술의 전당 속에서 기쁨과 쾌락 그리고 사랑을 발견하는 것을 표현한 것으로, 베토벤의 교향곡 9번 "환희의 송가" 중에 「환희여, 아름다운 푸의 빛, 온 세상에 키스를 주리: Freude scho go tterfunke, Diesen kussder Gonzen welt」를 표현한 것이다.

벨베데레 궁전
Belvedere

🔺 P45B3
🏠 Prinz-Eugen-Strasse 27
🚍 트램 D호 승차, Schloss Belvedere에서 하차
🕐 10:00~18:00
🚫 월요일
📞 43-1-79-557-0
💲 9유로
📮 www.belvedere.at
@ public@belvedere.at

　웅장하면서 우아한 벨베데레 궁전은 빈에서 가장 매력적인 17세기의 건축 역작으로 손꼽힌다. 이 궁을 설계한 건축가 헬데브란트(Heldebrandt)는 그 당시 정원 설계로 유명세를 떨치고 있었다. 바로 이곳에서 헬데브란트 건축의 정수를 볼 수 있다. 벨베데레 궁전은 대칭적이고 정연한 프랑스식 정원을 사이에 두고 상궁과 하궁으로 나뉜다. 상궁에서 정문으로 들어서면, 먼저 바로크양식의 철문이 보이는데 철문 위쪽에는 사보이(Savoy:사보이 왕가)를 뜻하는 S자가 철사로 둘둘 감겨 있다. 상궁을 나오면 맞은편에 프

훈데르트바서하우스
Hundertwasserhaus

🔺 P45B3
🏠 3 Lowengasse / Kegelgasse
🚇 지하철 U4번 승차, Shweder Platz 역에서 하차 후 트램 N으로 환승, Hetzgasse에서 하차
📮 www.hundertwasser-haus.at

　빈을 방문하는 사람이면 누구나 훈데르트바서가 디자인한 이 아파트를 구경하고 싶어 한다. 그리고 저마다 훈데르트바서의 대형 회화작품 같은 건축물의 모습을 열심히 카메라에 담아간다.

　모두 다른 모양의 창문, 직선 없는 담 벽과 금빛 양파 모양의 지붕이 매우 신기하다. 현재 아파트에는 200여명의 주민들이 살고 있다. 이 아파트를 건축할 때 이곳 주민들도 자신들이 살 집의 색과 크기, 그리고 형태를 정하는 데 참여하였다. 주로 타일과 목재를 사용하여 지었으며, 푸른 나무와 식물들이 발코니와 창문턱에서 저마다의 자태를 뽐내고 있다.

　물을 가장 아꼈던 훈데르트바서는 아파트 앞 12성좌 모양의 금빛 분수로 물에 대한 애정을 표현하였다.

　아파트 안에 들어갈 수 없다면 맞은편 거리에 있는 훈데르트바서의 작품들을 그대로 옮겨놓은 듯한 훈데르트바서 빌리지(hunderwasser Villege)로 가보자. 기념품을 사거나 지하 꽃집에서 꽃을 사거나 또는 돈을 지불해야 이용이 가능한 화장실에 가거나 그 어떤 것이라도 모두 훈데르트바서의 창작세계를 더욱 가까이 경험하게 되는 좋은 기회가 될 것이다.

랑스 인 지라르(Girard)가 설계한 정원이 있다. 탁 트인 프랑스식 정원은 비록 베르사이유 궁전의 화려함보다는 못하지만, 잔디와 드넓은 화단, 분수와 조각들이 한데 어우러져 17세기 정원의 특징을 잘 느낄 수 있다.

두개의 화원을 가로지르면 바로 하궁이 나온다. 현재는 바로크 예술과 중세 예술박물관으로 사용되고 있다. 이곳에서 가장 유명한 곳은 화려하게 장식된 대리석 홀(The Marble Hall)과 유리 홀(Hall of Mirrors), 그리고 기괴스러운 벽화가 그려져 있는 그로데스크 홀(Hall of Grotesques)이다.

벨베데레 궁전은 현재 19~20세기 미술관으로 사용되고 있으며, 근대유럽의 예술작품과 클림튼을 포함해 반 고흐, 에곤 쉴레 등 유명한 예술가의 작품들을 전시하고 있다. 또한 오스트리아 평민예술이 가장 왕성했던 비더마이어(Biedermeier)시기의 작품들도 볼 수 있다. 클림튼 작품 중 가장 유명한 『키스』가 바로 이 궁에 전시되어 있다.

쿤스트하우스 빈
Kunsthaus Wien

 P45B3
 Untere Weissgerberstrasse
13
 지하철 U4선 Shwederplatz
역에서 하차 후, 트램 N으로
환승, Hetzgasse에서 하차
 10:00~19:00
 43-1-712-04-95
 43-1-712-04-96
 9유로
 www.kunsthauswien.at
 office@kun-sthauswien.at
　훈데르트바서하우스에서 멀지
않은 곳에 위치한 쿤스트하우스
빈은 훈데르트바서의 작품만 전
시해 놓은 곳이다. 이곳에서는 회

화와 폐품을 이용한 작품 이외에
오스트리아의 운전면허증, 독일백
과전서의 표지, 뉴질랜
드의 국기, 쓰레기
소각장 모형 등,
훈데르트바서가
디자인한 여러 작
품들을 전시하고 있
다. 이곳에 와서 그
의 작품을 감상하
면 훈데르트바서의
상상력이 영원히 고갈
되지 않을 것 같아 보인다.
　시간이 많다면 발길을 멈춰 암
실에서 상영하는 훈데르트바서의
영화를 감상해보자. 영화는 영어
와 독일어 버전이 있다. 영화 속
에서 훈데르트바서가 아무것에도

중앙공원묘지
Zentralfriedhof

 P45B4
 S i m m e r i n g e r
Hauptstrasse 234
 트램 71호 Zentralfriedhof
II Tor에서 하차
 (12월~2월)8:00~17:00
(3, 4, 9월~11월)7:00~18:00
(5월~8월)7:00~19:00
 43-1-760-41
 www.magwien.gv.at/ma43
 zentralfriedhof@m43.mag

카를광장 파빌리온
Karlsplatz Pavilions

 P15C4
 지하철 U1, U2, U4선 이용,
Karlsplatz 역에서 하차
　19세기 말의 대표적 작품인 카
를광장 파빌리온은 유리와 금속
으로 지어진 건축물이다. 섬세한
아르누보양식의 장식예술 솜씨를
느낄 수 있으며, 금빛계열을 사용

하여 세기말적인 화려함과 차가
움을 동시에 나타내고 있다.
　건축 상의 가장 큰 특징은 입
구에 있는 바로크양식의 버팀목
이다. 이는 대량생산이 가능한 현
대과학기술이 20세기를 이끌어갈
것이라는 의미가 담겨져 있는 것
이라 할 수 있다.

구속받지 않는 진실한 삶을 살았다는 것을 발견할 수 있을 것이다.

떠나기 전 1층의 선물가게에도 한번 들러보자. 훈데르트바서의 창의적인 작품들이 다양하게 상품화 되어 있어 도저히 빈손으로 나갈 수 없을 것이다.

이곳은 유명한 가구점을 개축한 것이기 때문에 아래층의 레스토랑에서 사용하는 가구들은 모두 이전 가구점의 것들이다. 이곳에서는 전형적인 오스트리아 음식을 맛볼 수 있다. 특히 반쯤 익힌 계란찜(EiernockerIn mit Blattsalat)이 매우 맛있다.

wien.gv.at

울창한 숲과 아름다운 대리석 조각이 한데 어우러진 중앙공원 묘지는 1874년에 조성된 곳으로, 유명한 화가, 시인, 조각가, 음악가 등 수많은 예술가들이 최후의 안식처로 선택한 곳이다. 공원 안은 유태인, 기독교, 회교도, 제1차 세계대전 기념비 등의 구역으로 나뉘어 있으며, 공원묘지 정중앙에는 1907년 빈 시장 칼 뤼거(karl Lueger, 1880~1910)를 기념하기 위해 지은 뤼거 예배당이 있다. 두 번째 문으로 들어간 후 예배당 쪽으로 난 작은 길을 걷다보면 왼편으로 제32A 구역이 나온다. 이곳은 베토벤, 슈베르트, 브람스, 요한 슈트라우스 부자 등 유명한 음악가들의 묘지가 모여 있는 곳이다. 그리고 이 구역의 중앙에는 이곳에서 장사를 지내지 못한 모차르트의 기념비가 세워져 있다. 모든 묘지 위에는 이 음악가들을 못 잊어 찾아오는 사람들이 바친 꽃들이 놓여 있다.

카를 성당
Karlskirche

P15C4

지하철 U1, U2, U4선 이용, Karlsplatz 역에서 하차

(월~토)9:00~12:30
13:00~18:00
(일)13:00~18:00

6유로

빈을 대표하는 건축물이라 할 수 있는 카를 성당은 바로크양식의 건물로, 1713년에 지어졌다. 당시 오스트리아 황제 카를 6세는 흑사병을 퇴치한 성인 성 찰스 보로메오(St. Charles Borromeo)에게 바치기 위해 화려한 예배당을 짓기로 결정하였고, 공개 입찰을 한 끝에 유명 설

쇤브룬 궁전
Schönbrunn

P45A4

Schönbunner Schlosstrasse

빈에서 경전철 S7선 승차, 빈 중앙역(Wien Mitte)에서 하차 후 지하철 U4선로 환승, Schönbrunn 역에서 하차

(4월~6월, 9월~10월)
8:00~17:00
(7월~8월)8:30~18:00
(11월~3월)8:30~16:30

43-1-811-13-239

43-1-811-13-333

가이드 투어: 8.9유로, 11.5유로, 14.9유로, 19.9유로, 36유로로 다양

www.schoenbrunn.at

webmaster@schoen-brunn.at

쇤브룬 궁전은 18세기에서 20세기 초까지 가장 강성했던 합스부르크 왕가의 저택이었다. 건축 설계사 피셔 폰 에를라흐와 니콜라우스 피가시에 의해 건축되었다.

화려하게 장식된 바로크양식의 건축은 중유럽 궁정건축의 본보기가 되었다. 건축물 자체뿐만 아니라 궁전정원, 1752년에 창립된 세계 제1의 동물원까지 모두 오스트리아를 가장 인기 있는 관광지로 만든 주역들이다. 빈 시정부는 중유럽에서 가장 강성했던 시기를 반영하는 찬란한 유적을 더 완벽하게 보존하기 위해 1972년부터 문화재 보호기금회를 설립하여 보수 및 유지 사업을 하고 있다. 1996년, 세계문화유산으로 선정된 후부터는 연간 670만 명의 관광객들이 이곳을 방문하고 있다.

계사 피셔 폰 에를라흐
(JohannBernhard Fischer von
Erlach)부자가 성당을 설계하게
되었다.

착공 25년만인 1737년에 완공
된 카를 성당은 다양한 건축양식
이 공존하고 있다. 정면은 고대
그리스 신전을 본 땄으며, 입구
회랑의 삼각형 처마꼭대기에는
성 찰스 보로메오의 조각상이 있
다. 또 양쪽 주위의 건축은 이탈
리아 르네상스양식이고, 청색의
돔은 중국의 둥그스름한 정자를
닮았다. 성당 양측에 세워진 두개
의 원주에는 성 찰스 보로메오의
업적을 새긴 나선모양의 부조가
있다.

성당 내부 역시 당대 유명 예
술가들의 작품들로 가득하다. 제
단 위의 부조는 성 찰스 보로메
오가 천사들과 함께 구름을 밟고
천당에 올라가는 것을 묘사한 것
이고, 1725~1730년에 그려진 천
장벽화는 화가 미하엘 로테이어
(Johann Michael Rottayr)가 그
린 최후의 작품이다.

마욜카 하우스
Majolkahaus

 P45A3
 중앙시장 옆, Linke Wienzeile 38 & 40
 지하철 U2선 Kettenbru–

ckengasse 역에서 도보2분

두 채의 건물로 이루어진 마욜카하우스는 오토 바그너(Otto Wagner)가 설계하여 1899년에 지어졌다. 38호에 위치한 이 건물은 전형적인 아르누보의 장식예술을 잘 보여주고 있으며, 아름

쓰레기 소각로
Spittelau

 P45A2
 지하철 U4선 Spittelau 역에서 하차

쓰레기 소각로(1988~1992)는 빈의 또 다른 볼거리이다. 현대식 설비를 갖춘 첨단기술로 지어졌으며, 최신 여과기술을 통해 쓰레기를 소각할 때 발생하는 열에너지를 일반가정과 학교에 제공하고 있다. 이 쓰레기 소각로는 환경보호를 강조하는 예술가 훈데르트바서가 설계하였으며, 훈데르트바서의 친한 친구가 빈의 시장을 맡고 있을 때 완공된 것이다. 이 아름다운 색채의 쓰레기 소각로에서는 빈에서 발생하는 쓰레기의 1/3이 처리되고 있다.

훈데르트바서는 쓰레기를 운반하는 사람들이 대자연을 만끽할 수 있도록 어두운 벽에 금방이라도 뚝 떨어질 것 같은 동그랗고 빨간 사과 등을 그려 넣고 창문 위에는 왕관을 씌웠다. 그리고 발코니에 심어놓은 나무들이 싱그러움을 더하고 있다.

빈 역사박물관
Historisches Museum Der Stadt Wien

 P15C4
 지하철 U1, U2, U4선 이용, Karlsplatz 역에서 하차
 Karlsplatz
 9:00~18:00

다운 색채를 자랑한다. 여인의 두
상, 금 종려 잎, 금 넝쿨로 장식
되어 있는 40호 건물에는 네모난
타일을 잔뜩 붙여 거대한 나무그
림을 만들었는데 마치 한그루의
나무가 건물전체를 뒤덮고 있는
것 같다.

㉻ 월요일
☎ 43-1-505-87-47-0
㉳ 43-1-505-87-47-7201
⑤ 6유로
🌐 www.museum.vienna.at
✉ office@wienmuseum.at

　빈 역사박물관은 카를성당 오
른쪽 앞에 위치해 있다. 외관은

비록 볼품없이 밋밋하지만 내부
곳곳에는 로마시대의 예술품으로
가득 차 있다. 성 슈테판 대성당
에 있는 스테인드글라스와 쇤브
룬 궁전의 건축설계도 이외에 클
림트, 에곤 쉴레 등 오스트리아를
대표하는 예술가들의 회화작품들
이 전시되어 있다.

카페 스펄
Café sperl

🔺 P14A4
🏠 Gumpendorferstrasse 11
🕐 (월~토)7:30~23:00
　 (주말, 공휴일)11:00~20:00

☎ 43-1-586-41-58
🌐 www.cafesperl.at

1880년에 문을 연 후부터 지금까지 빈 카페의 전통을 이어오고 있다. 은쟁반 위에 커피와 물 한 잔, 그리고 은 스푼을 놓고 손님 앞에 내 놓는다.

이곳의 'omd kaffee'는 옛날 할머니 시대의 커피라는 뜻이다. 위 아래로 나뉜 주전자 위쪽에 뜨거운 물을 부은 후 20분을 기다린다. 20분 후 커피가 아래쪽으로 다 내려가면 위쪽의 주전자를 꺼내서 작은 접시에 내놓는다. 이 과정을 거치면 할머니 시대의 전통적인 커피의 맛이 우러나온다. 카페 스펄에서는 모든 과자들을 직접 손으로 만든다. 보기에는 투박하지만 맛은 아주 좋다. 갓 구운 과자를 직접 주문할 수도 있다.

나슈마르크트 중앙시장
Naschmarkt

🔺 P45A3

빈을 방문하는 사람이라면 꼭 한번 둘러봐야 할 곳이 바로 나슈마르크트 중앙시장이다. 마침 바그너의 마욜카하우스 옆에 위치해 있으니 꼭 가보도록 하자. 이곳은 다양한 식재료를 파는 곳으로 유명하며, 일요일을 제외하고 매일 장이 열린다. 이곳에서는 신선한 과일과 올리브 장아찌를 살 수 있으며 터키나 중국 등 동양에서 온 상인들이 맛있고 가격도 저렴한 전통음식을 팔고 있다. 그야말로 먹을거리의 천국이라고 할 수 있다.

H 숙박

Ananas Hotel

P45A3
Rechte Wienzeile 93–95
43-1-546-20
43-1-545-42-42
70유로~100유로
www.friendlyplanet.com/hotels/ananas-hotel.html

Hotel Bellevue

P45A2
Althanstrasse 5
43-1-313-48-0
69유로~200유로
www.austria-hotels.co.at

Hotel Atlas

P45A3
Lerchenfelderstrasse 1–3
43-1-524-20-40
60유로~105유로
www.academia-hotels.co.at

Hotel Academia

P45A3
Pfeilgasse 3a
43-1-401-76
50유로~87유로
www.academia-hotels.co.at

Hotel Gabriel

P45B3
Landstrasse Hauptstrasse 165
43-1-712-32-05
45유로~125유로
www.hotel-gabriel.at

Hotel Avis

P45A3
Pfeilgasse 4
43-1-408-96-60
50유로~87유로
www.academia-hotels.co.at

빈 숲

Wienerwald

빈 숲은 알프스의 산기슭에 형성된 구릉으로, 빈의 북서쪽 레오폴트베르크(Leopoldsberg)에서 남서쪽의 온천지대인 바덴(Baden)까지 총 길이 약 40km에 달한다. 면적이 빈의 3배에 이르며 빈의 시가지를 감싸고 있다. 11세기부터 황실의 수렵장으로 이용된 빈 숲은 1955년, 빈의 자연경관보호구역으로 지정되었다. 숲 주위로 음식점과 카페들이 밀집해 있고, 휴일이 되면 소풍을 나온 사람들로 가득 차는 등 시민들의 휴식처가 되고 있다.

◎ 가는 방법

 1. 빈 숲으로 가는 버스 편은 많지 않다. Vienna Sightseeing 회사의 빈 숲 – 마이어링(Wienerwald – Mayerling) 패키지 상품을 이용하는 것이 가장 좋은 방법이다. 1인당 39유로이며, 오전9:45분에 출발하여 오후14:45분에 빈 시가지로 돌아온다. 마이어링 교회를 비롯해 지그로테 지하 동굴, 하일리켄크로이츠의 시토회 수도원 등을 돌아볼 수 있다.

 2. Vienna Sightseeing사는 다양한 패키지 여행상품을 마련하고 있으며, 영어, 독일어, 일어 등 3개국어 서비스도 지원하고 있다. 호텔에서 전화로 여행일정을 예약할 수 있다. 단, 비용은 반드시 선불로 지급하여야 한다. 당일에는 작은 버스로 호텔에서 집합장소까지 이동한 후 대형버스로 갈아탄다.

Vienna Sightseeing

☎ 43-1-712-46-83-0　　🌐 www.viennasightseeingtours.com

칼렌베르크
Kahlenberg

P71A1

지하철 U4선 Heiligenstädt 역에서 하차 후 38A번 버스로 환승, Kahlenberg에서 하차

버스를 타고 구불구불한 산길을 따라 40분이나 올라가야 해발 484m의 칼렌베르크에 도착한다. 비록 힘든 여정이지만 빈 전체의 풍경을 보기에는 더없이 좋은 곳이다. 멀리 도나우 강이 보이고, 강 너머로는 우아한 빈 시가가 보이며, 좌측으로는 포도밭이 펼쳐져있다. 특히 해질 무렵 가로등이 하나둘 밝혀질 때면 낭만적인 정취까지 더해져 많은 연인들과 관광객들을 매혹시킨다.

또 이곳은 빈 숲 산책로의 기점중 하나이다. 빈 숲의 산책로들은 한나절이면 왕복이 가능한 코스가 대부분이라 온 가족이 부담없이 산림욕을 즐길 수 있다.

하일리겐슈타트 베토벤 유서의 집
Heiligenstädter Testamenthaus

P71B2

Probusgasse 6

10:00~13:00, 14:00~18:00

지하철 Heiligenstädter 역에서 하차 후 버스 Kahlenberg 행 38A로 환승, Armbruste-rgasse에서 하차

1802년, 선천적인 귓병으로 고생하던 음악가 베토벤은 의사의 권유대로 고요한 하일리겐슈타트로 옮겨와서 살았다. 이곳에서 베토벤은 전원의 아름다움과 고요함에 매료되는 한편 점점 잃어가고 있는 청력 때문에 슬픔과 절망 속에 빠져들었다.

하일리겐슈타트 베토벤 유서의 집에는 베토벤이 두 명의 형제에게 쓴 편지가 보관되어 있다. 이 편지들은 한 번도 부쳐지지 않았고, 오늘날까지 이곳에 보관되어 있다.

베토벤 산책로
Beethovengang

P71B1

작은 마을 하일리겐슈타트 부근의 빈 숲 안에 베토벤 산책로가 있다. 베토벤은 이 산책로를 무척 좋아했다. 유명한 전원 교향곡의 악상이 떠올랐던 곳도 바로 이곳이다. 베토벤은 작은 시내를 따라 푸르른 나무들이 우거지고, 새들이 끊임없이 지저귀며, 싱그러운 바람이 한들한들 불어오는 풍경에 반해 이곳에서 자주 시간을 보냈다고 한다.

마이어링 교회
Mayerling

⚠ P63

1888년, 오스트리아-헝가리제국의 황제 프란츠 요제프와 황후 엘리자베트의 아들 루돌프(Archduk Rudolf, 1858~1889)는 오스트리아-헝가리제국의 왕위를 이어받았다. 그러나 이 젊은 황제는 넘쳐나는 자유주의사상으로 인해 귀족들에게 미움을 받았고, 교회

지그로테 지하 동굴
Seegrotte hinterbrühl

⚠ P63

🕐 (4월~10월)9:00~12:00
13:00~17:00
(11월~3월)9:00~12:00
13:00~15:00

☎ 43-2236-26364

💲 성인 7유로, 어린이 4.5유로

🌐 www.seegrotte.at

@ office@seegrotte.at

유럽 최대의 지하 동굴이다. 빈 숲의 힌터브륄(hinterbrühl)에 위치해 있으며, 빈 시가지와는 약 17km 떨어져 있다. 동굴 안 호수는 지하 60m 정도에 있고, 면적은 6,200㎡이다. 수심이 가장 깊은 곳은 12m이며, 가장 얕은 곳은 1.2m이다.

원래 농사용 비료로 사용하는 광물을 채굴하기 위해 판 갱도였지만, 1921년 첫 번째 수해 때 쓸 만한 광물들이 떠내려가 버린 후 1932년 개방을 하여 관광명소가 되었다. 평균기온은 영상 12도를 유지하고 있다.

450m길이의 갱도(Forderstollen)를 지나면 광산의 갱에 도착한다. 가장 먼저 도착하는 곳이 광부들이 쉬는 곳이고, 다음은 광물을 운반하는 말들을 키우던 곳

(Pferdestall)이다. 이곳을 지나면 호수가 나타나는데, 이 호수가 유럽 최대의 지하 동굴 호수이다.

갱도 안에는 이곳에서 죽은 광부들을 추모하기 위해 지어진 작은 예배당과 1945년에 지어져 훼

의 비난을 샀다. 거기에 벨기에 공주 스테파니와 원치 않는 결혼까지 하였다. 결국 루돌프는 수렵관의 작은 방에서 연인과 함께 자살하고 말았다. 루돌프 황제가 죽은 후 프란츠 황제는 작은 방을 철거한 후 그곳에 여자수도원을 지었다. 비극이 발생한 장소에 고딕양식의 성당을 짓고, 성당과 인접한 방안에는 그 당시의 가구와 루돌프의 초상, 사진을 장식해 놓고 왕자의 명복을 빌었다. 이 역사적인 비극은 후에 차이코프스키에 의해 가극 『마이어링』으로 만들어져 널리 알려지게 되었다.

손된 지하비행장도 있다. 지하의 물은 모두 7군데의 시내에서 흘러들어오는 물로 채워진다. 하지만 정작 물이 빠져나갈 곳이 없어 매일 밤마다 호수의 물을 빼내야 한다고 한다. 관광객들은 지하수를 이용해 얻어지는 동력을 사용하는 배를 타고 호수를 관람한다. 전 코스를 보는 데는 약 40분이 소요되고, 군복을 입은 직원이 가이드를 한다.

시토회 수도원
Heiligenkreuz Monastery

P63

9:00~18:00

976년, 바이에른의 귀족 바벤베르크(Babenberg)가의 레오폴트 황제가 오스트리아를 통치하기 시작한 때부터 1246년, 최후의 황제 프레데릭 2세(Frederick II)가 죽을 때까지 전쟁은 끊이지 않았다. 1278년 마침내 오스트리아가 헝가리를 이김으로써 바벤베르크의 땅을 손에 얻게 되었고, 이때부터 합스부르크 왕가가 유럽을 통치하는 600년의 역사가 시작되었다.

1133년에 건축된 이 수도원은 원래 바벤베르크 시기에 12명의 프랑스 시토회의 수녀들이 세운 것이다. 시토회 수녀들은 모두 부르고뉴 지방 출신이었기 때문에 수도원의 건축양식은 로마식과 고딕양식이 공존하고 있다. 서쪽 건축물의 첨두형 창문은 시토회 수도원의 특징 중 하나이며, 정원 안의 삼위일체상은 조각가 지오반니 줄리아니(Giovanni Giuliani)의 작품이다.

회랑 Cloister

각 방들을 연결하는 회랑은 13세기 초 건축의 대표적인 특징이다. 회랑 안으로 들어서면 북쪽으로 로마네스크 양식의 아치형 회랑이 보이는데, 단순하면서 소박한 석재로 만들어져 있어서 중후하고 차분한 멋을 풍긴다.

동쪽의 회랑은 고딕양식의 아치형으로, 섬세하면서 화려함을 느낄 수 있다. 북쪽 회랑은 흑과 백, 두 종류의 유리로만 장식되어 있으며, 고행하는 수녀들이 정신을 집중할 수 있도록 하기 위해 회화나 조각 장식을 금지하였다.

집회실 The Chapter House

회랑을 지나 동쪽으로 가면 가장 큰 방이 나오는데 바로 이곳이 집회실이다. 바벤베르크 왕가의 묘지가 있는 곳도 바로 이곳이다. 현재는 수도원장과 새로 온

수도사가 거처하는 곳으로 쓰인다. 이 집회실 안에서도 13세기 초의 로마네스크양식과 화려하고 현란한 19세기의 스테인드글라스, 18세기 르네상스 시대의 벽화를 함께 볼 수가 있다. 홀 중간에는 바벤베르크의 마지막 통치자 프레데릭 2세(Frederick II)의 초상이 조각된 대리석 묘가 안치되어 있다.

분수실 The Fountain House

화려하고 현란한 스테인드글라스기 장식되어 있는 실내에 위치한 분수대는 1290년에 만들어진 것으로, 후기 고딕양식의 세련미가 물씬 풍긴다. 화려한 스테인드글라스에 묘사된 초상화들은 수도원을 세운 성 레오폴트(St. Leopold)를 비롯한 바벤베르크 왕가의 역대 왕들이다.

집무실 The Fratery

장방형의 돌덩이를 쌓아서 건축한 방으로, 수녀들의 집무실로 사용되고 있다. 바닥의 색과 맞추기 위해 흰색 벽면에 붉은 줄을 그려 넣었고, 그중 한 면의 벽에 붉은색 원이 그려져 있는 십자가가 그려져 있다.

장례 예배당 Funeral Chapel

이 방은 원래 수녀들이 이야기를 나누는 장소였지만, 후에는 장례를 치르기 위해 시신을 안치해 두는 곳으로 사용되었다. 몸을 이리저리 흔들거리는 해골이 커다란 촛대를 이고 있고, 중간에는 화려하게 장식된 관이 놓여있다.

그린칭
Grinzing

P71A1

지하철 U4선 Heiligenstädt 역에서 하차 후 버스Kahlen-berg 행 38A로 환승, Gr-inzing에서 하차

그린칭에는 그해에 생산한 와인을 마실 수 있는 술집들이 많다. 해질 무렵이 되면, 빈 숲에서 산책을 마치고 돌아오는 시민들과 명성을 듣고 찾아온 관광객들이 몰려들기 시작하고, 저마다 입구에 소나무 가지가 걸려있는 술집을 찾는다. 소나무 가지가 걸려있다는 것은 곧 호이리게를 판다는 것을 의미하는데 호이리게란 그 해 수확한 포도로 만든 와인이란 뜻이다. 술집마다 모두 포도원을 가지고 있어 직접 와인을 만든다고 한다. 가끔 종업원들이 오스트리아 전통의상을 입고 입구에서 손님들을 맞이하기도 한다. 나무탁자와 꽃무늬 테이블보, 빛바랜 사진 등 시골의

소박한 분위기가 물씬 풍기는 술집의 인테리어에 사람들은 향수에 빠진다. 이렇게 정겹고 훈훈한 분위기의 술집에 앉아서 차갑고 상큼한 호이리게와 맛있는 음식을 먹는 것도 좋은 추억으로 남을 것이다.

마이어 암 파르플라츠
Mayer am Pfarrplatz

P71B1

Pfarrplatz 2

(월~토)16:00부터
(일, 공휴일)11:00부터

43-1-370-33-61

43-1-370-47-14

레드와인 1잔 4.4유로, 코스 식사 14.6유로

www.mayer.pfarrplatz.at

mayer@pfarrplatz.at

베토벤의 발자취가 남아있는 곳이다. 1871년 여름, 베토벤은 거실의 가장 뒤편에 있는 방을 빌렸다. 그 당시 베토벤은 교향곡 9번을 작곡하던 중이었다.

지금 이곳은 호이리게와 맛있는 음식을 맛볼 수 있는 장소가 되었다. 오스트리아 전통의상을 입은 종업원들의 친절한 서비스도 함께 누릴 수 있다. 이 식당의 안주는 정말 맛있다. 소고기, 소시지, 여러 가지 맛의 치즈 그리고 장아찌 등 안주거리가 매우 다양하다.

도나우 강

Danube

도나우 강은 세계적으로 이름난 명곡 『아름답고 푸른 도나우 강』으로 누구나 다 아는 명소가 되었다. 유럽에서 두 번째로 긴 강으로, 총 길이가 2826km에 이르며, 10개의 성과 4개의 수도를 포함한 여러 나라들을 걸쳐 흐르고 있다. 도나우 강은 오스트리아 내에서는 겨우 360km(전체 길이의 1/8)밖에 지나지 않지만, 이 유역 전체가 선박을 운행할 수 있는 지역이어서 오스트리아 경제의 원동력이 되고 있다. 예컨대, 수도 빈, 주요공업도시 린츠, 공업중심지 슈타이어 등 모두가 도나우 강 연안에 위치한 도시들이다. 현재의 도나우 강은 비록 요한 슈트라우스가 묘사한 것처럼 푸르지는 않지만, 끝없이 펼쳐진 전원, 무너진 옛 성, 르네상스양식의 우아한 궁전, 아름다운 성당, 와인을 파는 술집 등 볼거리가 많아 매력적이다. 또 맑고 깨끗한 골짜기의 풍경은 여전히 수많은 관광객들의 사랑을 받고 있다.

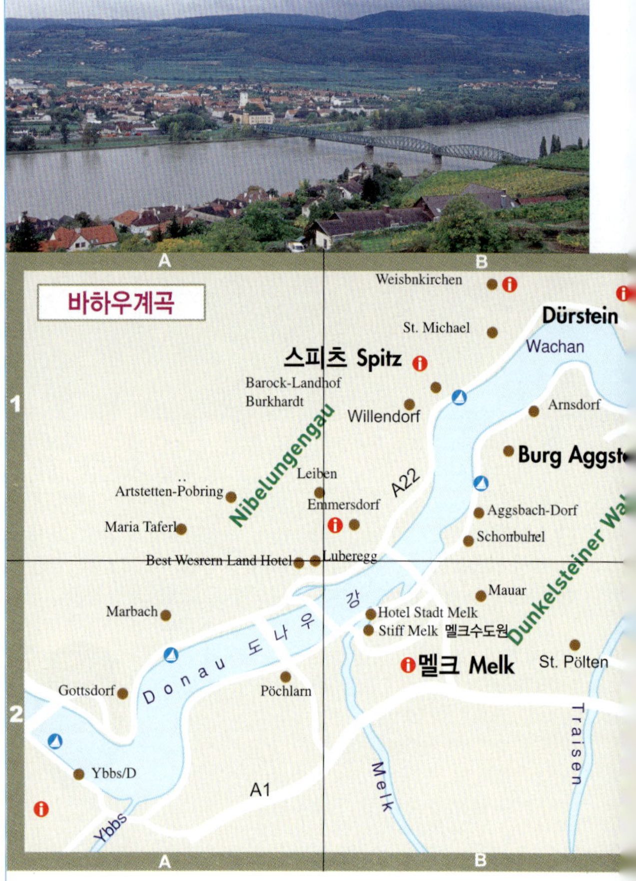

◎ 가는 방법

1.기차: 빈에서 도나우 강까지는 겨우 1시간 거리이다. 빈에서 기차를 타고 도나우 강 연안의 여러 도시로 갈 수 있다.

2.유람선: 빈에도 도나우 강의 바하우(Wachau) 계곡까지 운항하는 유람선이 있다. 하지만 이 유람선 코스는 5월초에서 9월말까지 일요일에만 운행한다. 하루에 1회 빈에서 출발하여 도나우 강의 뒤른스타인까지 운항하며, 소요시간은 약 4~6시간이다. DDSG 유레일은 영어 가이드를 제공한다.

www.ddsg-blue-danubeat

3.패키지 투어: Vienna Sightseeing 사의 바하우 계곡(Wachau) 투어 상품을 이용할 수 있다. 1인당 61유로이며, 오전 9:45분에 출발한다. 하루 일정은 멜크 수도원과 유람선, 바하우 계곡의 작은 마을들을 둘러보는 것이다.

Vienna Sightseeing

43-1-712-46-83-0

www.viennasightseeingtours.com

◎바하우 계곡 관광정보센터

Region Wachau-Nibelungengau Schlossgasse 3

9:00~16:30

43-2713-300-60-0

www.wachau.at

wachau@netway.at

호텔, 패키지 투어 예약 서비스 및 와인 여행 정보 제공

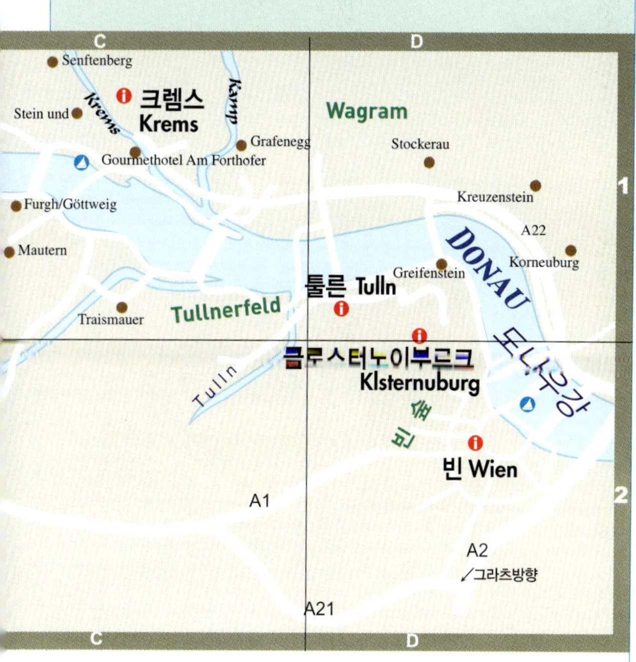

명소

바하우 계곡 유람선
Themenfahrten Wachau

🔺P72
🔻3월 말~10월 말
📞43-1-588-80
📠43-1-588-80-440
🌐w w w . d d s g - b l u e -
danube.at
@i n f o @ d d s g - b l u e -
danube.at

바하우는 도나우 강 계곡의 멜크와 크렘스 사이의 35km에 이르는 구간이다. 수려한 자연경관을 자랑하며 아름다운 계곡과 강변의 요새, 유적지 등이 절묘하게 조화를 이뤄 탄성을 자아낸다. 1998년에는 세계문화유산에 등재되었다.

유람선을 타고 바하우 계곡 구간을 유람하는 코스는 관광객들에게 많은 호응을 얻고 있다. 유람선은 연안의 모든 부두에서 탈 수 있어 편리하다. 가장 흥미진진한 유람선 코스는 멜크에서 크렘스로 거슬러 올라가는 코스와 크렘스에서 멜크까지의 코스이다. 크렘스에서 멜크까지 코스는 1시간 40분, 멜크에서 크렘스로 거슬러 올라가는 코스는 2시간 40

분이 소요된다. 유람선에서는 보통 간단한 간식 또는 커피서비스를 제공하긴 하지만, 유람선 요금에는 포함되어 있지 않다는 것에 주의하자.

　유람선에 앉아서 강기슭에 서 있는 성벽과 포도원, 그리고 작은 마을들을 보고 있으면 마음이 평화로워질 것이다. 또 절벽 위에 위험스레 자라고 있는 나무들과 양파모양 지붕의 성당 등은 마치 아름다운 한 폭의 그림 같다. 이처럼 「푸른 도나우 강」의 경치를 구경할 수 있는 기회를 놓치지 말자.

슈피츠 Spitz

관광센터

🏠 Donau Mittergasse 3a

☎ 43-2713-23-63

📧 info.spitz@wvnet.at

　산비탈을 따라 계단식으로 심어진 포도나무 사이로 반쯤 가려진 마을이 보인다. 이 마을에서는 수확이 좋을 때는 1년에 56,000개의 와인을 생산할 수 있다고 한다. 성당 첨탑이 오래된 집 지붕 위로 우뚝 솟아있으며, 옛 성벽의 유적은 초목이 무성한 산꼭대기에 자리 잡고 있다.

　슈피츠는 바하우 계곡 유람선 코스의 중간지점이다. 시간이 많지 않다면, 크렘스 혹은 멜크에서 슈피츠까지만 가는 표를 구입해도 바하우 계곡의 수려한 경치를 감상할 수 있다. 부두에서 발견할 수 있는 한 가지 특이한 점은 바로 이곳의 강 위에는 다리가 없다는 것이다. 그래서 양쪽 강변을 왕래하려면 배가 꼭 필요하다. 건너편 강변에 순조롭게 도착하도록 나룻배의 가장 윗면에는 강물의 물살에 떠밀려가지 않게 끌어당겨주는 밧줄이 있다.

뒤른스타인 Dürnstein

관광센터

🏠 Dürnstein 132, PLZ3601

☎ 43-2711-200

📧 info@duernstein.at

🌐 www.duernstein.at

　산과 푸르른 나무들로 둘러싸인 작은 마을은 바하우 계곡의 대표적인 풍경이 되었다. 푸른색의 바로크 양식 성당이 붉은 기와지붕 사이로 우뚝 솟아 있으며, 멀리 보이는 언덕에는 중세 옛 성의 유적이 있다. 1193년 영국 사자 왕 리처드(Richard the Lion Hearted)는 이 고성 안에 감금되었다고 한다. 전설에 의하면, 리처드 왕이 제3차 십자군 동정에서 돌아오는 길에 레오폴트 5세와 잉글랜드 왕 사이의 원한 관계로 인해 빈 부근을 포위할 때 붙잡혀 결국 이곳 성에 감금된 것이라고 한다. 후에 영국이 몸값을 지불한 후에야 그는 3개월에 가까운 감금생활을 마칠 수 있었다.

멜크 Melk

관광센터

🏠 Babenbergerstrasse 1

⏰ (평일)9:00~12:00
　14:00~18:00
　(주말)10:00~14:00

☎ 43-2752-52-307

📧 melk@smaragd.at

🌐 www.melk.gv.at

　멜크 수도원이 있는 멜크는 유구한 역사를 지닌 귀엽고 깜찍한 마을이다. 마을에 있는 집들 대부분이 16, 17세기 사이에 지어진 것으로, 가장 오래된 것은 로마시대에 만들어진 토치카다. 바벤베르크 왕조(Babenberg)의 주거지이기도 했으나, 1089년 바벤베르크의 레오폴트 2세(Leopold II)가 언덕 위의 성을 베네딕트

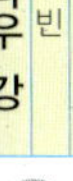

(Benedictine) 수녀들에게 제공하면서 성을 멜크 수도원으로 개축하였다. 후에 대화재로 인해 훼손되었지만, 많은 예술가들의 노력 끝에 현재의 모습으로 재건되었다.

크렘스 Krems

관광센터

⌂ Utzstrasse 1
☎ 43-2732-82-676
🖷 43-2732-70-011
@ kremstourismus@pegasus.at
🌐 www.krems.info
🚉 Franz-josef 기차역에서 기차를

크렘스는 도나우 강의 북쪽 강변에 위치해 있으며, 부근에는 크렘스의 쌍둥이 도시라고 불리는 슈타인이 있다. 크렘스에는 와인 판매점이 많기로 유명하다. 시내의 옛 성터는 고딕식 성당을 비롯해 13세기의 성벽 등 유적들이 가장 완벽하게 보존되어 있어서 중유럽에서도 유명한 곳이다. 또 크렘스의 성문 통로는 아주 특이하다. 성문 아래 통로로 들어가면 크렘스에서 가장 번화한 거리가 나온다. 도로 양측에는 상점들과 음식점들이 늘어서 있어 거리를 구경하며 쇼핑도 하는 즐거움을 누릴 수 있다.

또 여름이면 많은 관광객들이 이곳을 찾아와 도나우 강이 만들어낸 향긋하고 질 좋은 와인을 마음껏 맛보며 와인향기에 취한다. 크렘스의 산비탈을 올라가면 맞은편 강변의 작은 마을과 왕래할 수 있는 철교를 볼 수 있으며, 저 멀리 언덕 위에 자리 잡고 있는 바로크 스타일의 수도원도 볼 수 있다.

멜크 수도원
Stiff Melk

- P73
- Stiff Melk- Abt-Berthold-Dietmayr-Str. 1 A 3390 Melk
- (5월~9월)9:00~18:00 (4월, 10월)9:00~17:00 가이드 투어: 11월3일~3월 27일
- 43-2752-555-0
- www.stiftmelk.at
- tours@stiftmelk.at
- 가이드 투어 포함 8.8유로, 미포함 7유로, 학생할인: 가이드 투어 포함 5.9유로, 미포함 4.1유로

유구한 역사의 멜크 수도원은 오스트리아 바로크 건축물의 전형을 보여주는 곳이다. 건축가인 야콥 프란타우어는 도나우 강 계곡에 가장 아름다운 건축물을 지어 자연과 완벽하게 조화를 이루는 작품을 남겼다. 이 때문에 도나우 강 위에 지어진 웅장한 황색 건축물을 보려고 찾아오는 관광객이 줄을 잇고 있다.

수도원의 면적은 아주 넓다. 유명한 대리석 홀 외에도 도서관과 예배당, 그리고 박물관이 있는데, 전시실 내부에 소장되어 있는 수많은 보물을 보면 클렘스 수도원의 유구한 역사를 한눈에 알아볼 수 있다.

대리석 홀 Marble Hall

무도회장과 레스토랑으로 사용되고 있다. 문틀과 문 위쪽의 높은 벽은 대리석으로 되어있고 나머지 부분은 모두 석회를 발라 그림을 그렸다. 이 뛰어난 작품들은 진짜처럼 생동감이 넘쳐서 탄성을 자아내게 만든다. 천장의 벽화는 그리스 신화 속에 나오는 괴력의 영웅 헤라클라스를 표현한 것이다. 이는 그리스 신화를 좋아하는 합스부르크 왕가(특히 찰리 6세)의 환심을 사기 위해서 그려 넣은 것이라고 한다. 벽화에 그려진 말고삐를 쥐고 있는 천사는 사악함과 암흑을 철저하게 소멸하여 광명과 선함을 가져올 수 있다는 것을 의미하며, 당시의 시대적 정신을 완벽하게 표현한 그림이라 할 수 있다.

발코니 Balcony

대리석 홀과 도서관 사이를 연결하고 있는 야외 발코니이다. 이곳에서는 성당 정면을 똑똑히 볼 수 있다. 1738년에 건축된 하늘을 찌를 듯이 서있는 쌍둥이 탑과 아름답게 빛나는 도나우 강의 경치를 감상해보자.

도서관 Library

10만권의 장서를 소장하고 있다. 서적 중에 가장 오래된 것은 그 역사가 9세기까지 거슬러 올라간다고 한다. 화려한 바로크 양식의 철문 안에는 금테를 두른 나무책장과 서적들이 가득 차있다. 천장의 벽화는 1731~1732년에 완성된 것으로, 신앙정신이 우화적으로 표현된 것이다. 벽화 중앙의 초상은 각각 지혜, 도리, 인내, 절제를 뜻하는 4대 미덕을 상징하고 있다. 입구 대문 양측의 나무 조각은 대학의 4개 과목 즉 법률, 의학, 철학, 신학을 대표한다.

예배당 Church

햇볕이 돔을 통해 부서져 내리는 예배당은 멜크 수도원 관람의 백미라 할 수 있는 곳이다. 양측에 우뚝 솟은 제단은 신에 대한 숭배와 경애를 나타내는 것이다. 예배당 내부에는 금색, 오렌지색, 주홍색의 색조를 사용하였다. 예배당에 들어가는 사람들은 모두 성전의 화려함과 근엄함에 경탄을 금치 못한다. 예배당 양측의 제단은 이탈리아 극장 설계사인 안토니오 베두치의 작품으로, 작은 예배당에 여러 성인들의 생활들을 표현한 정교한 조각들과 조소들이 가득하다.

H 숙박

Barock-Landhof Burkhardt

P72B1
Kremserstrasse 19, 3620 Spitz an der Donau
43-2713-2356
40유로~62유로
www.tiscover.at/barock-landhof.burkhardt

Best Western Landhotel Wachau

P72A2
Luberegg 20, A- 3644 Emmersdorf an der Donau
43-2752-72-572
49.5유로~83유로
www.tiscover.at/land-hotel.wachau

Gourmenthotel Am Förthofer

P72C1
Förthofer Donaulände 8, 3504 Krems a. d. Donau
43-2732-83-345
36.37유로~81유로
www.niederoesterreich.at

Hotel Stadt Melk

P72B2
Hauptplatz 1
43-2752-52-475
42.5유로~55유로
www.tiscover.at/hotel-stadt-melk

부르겐란트

Burgenland

부르겐란트

Burgenland

스트리아의 동부에 위치한 부르겐란트는 술과 교향악, 그리고 고성으로 유명하다. 도시의 1/3이 우거진 삼림으로 덮여있으며, 중유럽에서 유일하게 초원호수가 있는 곳이기도 하다. 또 도시의 1/5이 에스테르하지 가문의 토지라고 한다. 연중 맑은 날이 300여일이 넘는 부르겐란트는 오스트리아와 헝가리가 수세기에 걸쳐 영토 쟁탈전을 벌인 곳이다. 1647년, 페르디난트 3세(Fedinand)가 마침내 부르겐란트를 손에 넣었으며, 합스부르크 왕가가 몇 년간에 걸쳐 통치하였다.

제1차 세계대전 전까지 헝가리의 영토였던 부르겐란트는 1차 세계대전 후, 오스트리아의 관할에 놓이게 되었다. 그러나 1921년 이 지역의 쇼프론(Sopron)이 국민투표를 통해 헝가리에 귀속되면서 부르겐란트라는 새로운 도시가 생겨났으며, 쇼프론은 아이젠슈타트에 세워졌다.

◎ 부르겐란트 관광정보센터
⌂ Schloss Esterházy
🕐 10:00~17:00
☎ 43-2682-63-384-0
@ info@burgenland.info
🌐 www.burgenland.info

◎ 부르겐란트 가는 길

1. 빈 남부역에서 아이젠슈타트 행 기차를 탄다. 버스로 여러 마을들을 돌아볼 수도 있다. 하지만 Vienna Sightseeing사의 패키지 여행상품을 이용하는 것이 가장 편리한 방법이다. 1인당 65유로이며, 오전 9:45에 출발한다. 바덴온천(파스콸라티하우스 방문), 노이지들러 호수유람, 루스트 마을 ,아이젠슈타트(에스테르하지 궁전, 하이든하우스) 등을 관광한다.

2. Vienna Sightseeing사는 다양한 패키지 여행상품과 영어, 독일어, 일어 등 3개 국어 서비스를 지원하고 있다. 호텔에 부탁하여 여행상품을 예약할 수 있다. 요금은 반드시 선불로 지급해야한다. 당일에는 작은 버스로 호텔에서 집합장소까지 간 후 대형버스로 갈아탄다.

Vienna Sightseeing
☎ 43-1-712-46-83-0 🌐 www.viennasightseeingtours.com

명소

국립공원
National Neusiedler See-Seewinkel

- P82B3
- Hauswiese, A-7142 Illmitz
- 11월~3월: (월~금)8:00~16:00
  4월~10월: (월~금)9:00~17:00
  (주말)12:00~17:00
  5월~9월: (월~금)9:00~18:00
  (주말)10:00~17:00
- 43-2175-3442-0
- 빈의 쇤부른 궁전에서 Neusiedl/See 행 버스 승차, 약 1시간 소요
- www.nationalpark-neusiedlersee.org
- info@nationalpark-neusiedlersee-

seewinkel.at

여행정보센터에서는 국립공원의 안내지도 및 여행 정보를 제공하고 있다. 또한 동물도감도 전시하고 있을 뿐 아니라 도서관과 회의실 등의 시설을 갖추어 놓아 관람객들의 편의를 제공하고 있다.

국립공원의 범위는 주로 노이지들러 호수 동쪽 기슭과 평평한 평원, 풀들이 무성하게 자란 늪지대에 연못들이 군데군데 자리 잡고 있는 곳을 중심으로 펼쳐져 있다. 이 구간을 염수호(Seewinkel)라 부른다. 알프스 산맥에서 중유럽으로 들어가는 지대에 형성된 특수한 지형으로, 이러한 지형적인 특성으로 인해 다양한 생태환경과 여러 종의 생물들이 생겨났다. 수선화, 자주붓꽃, 오스트리아 서미초, 아마 등 수 만종이 넘는 식물이 이곳에서

뫼르비슈
Mörbisch

- P82B3
- Hauptstrasse 23
- 43-2685-8430
- 43-2685-8430-9
- 아이젠슈타트에서 버스를 타고갈 수 있다. 버스는 1시간에 1회, 주로 오전에 운행한다. 약 30분 소요
- tourismus@moerbisch.com

서쪽 기슭에 위치한 작은 도시이다. 매년 7월 중순에서 8월 말까지 호수 위의 오페라 공연이 열리는 곳으로 유명하다. 맑고 깨끗한 호수에서 산들바람과 함께 웅장하고 아름다운 음악이 울려 퍼지는 오페라공연을 감상해보자.

자라고 있으며, 중유럽에서는 보기 드문 수많은 뱀들과 동물들도 이곳에서 서식하고 있다.

국립공원은 생태환경 보호를 위해 1926년 자연보호구역으로 지정되었으며, 1940년, 국립공원이라는 의식이 보편화되면서 세계에서 가장 큰 자연보호구역 중 한 곳이 되었다. 자연보호구역 범위가 오스트리아와 헝가리 양국에 걸쳐있어서 양국이 공동으로 관리하고 있다.

노이지들러 호수는 수많은 철새들의 서식지 및 보금자리 역할을 톡톡히 해내고 있다. 250여종에 이르는 조류를 관찰할 수 있어 새들의 천국이라고 불릴 정도이다.

국립공원은 모두 6개의 구역으로 나뉘어 있으며, 모든 구역이 자전거도로, 전망대, 산책로, 차도와 주차장으로 구성되어 있다. 또 각 구역마다 동식물의 생태환경이 제각기 달라 다양한 동식물을 감상할 수 있다. 생태환경보호를 위해서 지정된 도로를 절대 벗어나지 말아야 하며, 습지와 수풀 속에 들어가는 것은 엄격하게 금지되어 있다.

노이지들러 호수
Neusiedler See

부르겐란트 내에 위치한 노이지들러 호수는 중유럽에서 가장 큰 초원호수로, 1997년 세계문화유산으로 신청되었니. 노이지들러 호수는 빈에서 겨우 50km 정도밖에 떨어져 있지 않아서 「빈의 호수」라고 불리기도 한다. 호숫가 주변에는 바캉스 촌과 인정 넘치는 민박집들이 모여 있고, 여름만 되면 마을주민들은 호수로 나와 관광객들에게 즐거움을 만끽할

수 있는 레저 스포츠 용품과 오락 거리를 제공한다.

노이지들러 호수의 경치를 한 눈에 감상할 수 있는 가장 좋은 방법은 유람선을 타는 것이다. 5~10월 사이에는 많은 선박회사들이 손님들을 태우고 운항한다.

푸르바흐
Purbach

🧭 P82B2

🚌 아이젠슈타트에서 버스이용
(배차간격 : 매 시간 마다, 오
전에만 운행, 30분 소요)

🌐 www.purbach.at

@ info@purbach.at

　노이지들러 호수 서쪽 기슭에
위치한 작은 도시인 푸르바흐는
터키의 유적과 와인카페로 유명
한 곳이다. 터키의 침략을 막기
위해 1630~1634년에 만들어진 성
문과 보루 및 고성은 푸르바흐를
방문하면 가장 먼저 봐야하는 명소
다.

　과일향으로 가득한 와이너리들은
이곳의 또다른 매력이다. 작은 거
리에 무려 80개의 주조장이 있으
며 대부분 1873~1900년 사이에
지어진 것들이다. 돌로 만든 아담
한 집에 나무 술통과 의자가 놓여
있다. 메뉴는 단 하나, 자체 제조한
포도주뿐이다.

아이젠슈타트
Eisenstadt

🧭 P82A2

🏠 Hauptstrasse 35

🕘 9:00~17:00

☎ 43-2682-705-0

📠 43-2682-705-145

💲 1. 빈 남부역(Sbahnhof)에서
아이젠슈타트 행 직행기차
이용(하루 1회 운행)
2. 빈 남부역 버스터미널에서
버스이용, Domplatz에서 하
차(전체 약 70분 소요)

🌐 www.eisenstadt.at

@ tourism@eisenstadt.co.at

　아이젠슈타트를 관광하는 데는
2시간 50분이 소요된다. 1인당
60유로(입장료 미포함)이며, 에르
하지 궁전(Schloss Esterhäzy)
이 집합장소이다. 주로 시청을 포
함해 하이든하우스, 성당, 유태인
보호구역 및 황궁 등의 명소들을
관람하게 된다. 이밖에 하이든과
의 만남, 와인 여행, 황궁 둘러보
기 등의 테마여행을 관광객들이
직접 선택할 수도 있다.

빈에서 약 50km 떨어진 곳에 있는 아이젠슈타트는 1925년부터 부르겐란트의 주도(州都)가 되었으며, 약 1만2천의 주민들이 거주하고 있다.

작고 아름다운 이 마을이 세상에 알려지게 된 것은 음악의 아버지 하이든의 공이 가장 크다. 하이든하우스와 하이든 성당, 그리고 매년 9월에 열리는 하이든 음악제까지, 하이든의 발자취를 곳곳에서 느낄 수 있어 전 세계의 음악을 사랑하는 사람들이 이곳으로 찾아오고 있다.

아이젠슈타트 시청(Rathaus)은 이 작은 마을의 가장 중요한 거리에 위치해 있다.

하이든 하우스
Haydnhaus

P87B1

Joseph Haydn-Gasse 19 &21

1월~3월:
(월~목)9:00~15:00
(주말)휴관
3월~6월, 9월~11월:
8:30~18:00
7월~8월:
(월~일)8:30~18:00
＊사전예약 필수

43-2682-719-3900

43-2682-719-3223

성인 6유로, 어린이 5유로

www.haydn-zentrum.at

www.management@schloss-esterhazy.at

10명 단체는 가이드 투어 예약가능, 영어, 독일어, 이탈리아어, 헝가리어 서비스 제공, 1회에 21유로

빈의 3대 고전파를 대표하는 음악가 중의 한명이자, 「교향곡의 아버지」라 불리는 프란츠 요제프 하이든(Joseph Haydn, 1732~1809)은 일생동안 104곡의 교향곡을 작곡하였으며, 교향악의 형식을 확립하였다. 베토벤의 교향곡 1번과 2번이 하이든의 영향을 받았다고 한다.

하이든은 오스트리아 동부의 작은 마을에서 수레를 만드는 목수의 아들로 태어났다. 7세 때는 목소리가 너무 아름다워서 빈의 마을에서 지냈으니 그의 바람대로 이루어진 셈이다.

1809년 하이든이 죽은 후, 그의 유해는 빈 박물관에 보관되었다. 그런데 두개골을 한동안 도둑맞았고, 1932년 두개골이 없는 하이든의 유해를 아이젠슈타트로

베르크 교회
Bergkirche

P87A2

Joseph Haydnplatz 1

4월~10월:
(월~일)9:00~12:00
13:00~17:00
＊11월1일 이후부터 가이드 투어는 반드시 10인 이상이어야 하며 사전에 예약 필수

43-2682-626-38

43-2682-626-384

성인 2.5유로, 어린이 1유로

www.haydnkirche.at

교향곡의 아버지인 요제프 하이든은 작은 마을 아이젠슈타트에 왔을 때 이곳에 살기를 원하고, 이곳에서 죽고 싶다는 말까지 했을 정도로 아이젠슈타트의 아름다운 풍경을 좋아했다고 한다. 그는 이 작은 마을에서 31년을 살았고, 결국 죽기 직전까지 이

성 슈테판 대성당의 소년합창단에 들어가 노래를 불렀다. 그 후 거리에서 노래를 부르며 돈을 벌기도 했으며, 음악선생님이 되어 생계를 유지하였다.

하이든 하우스는 하이든이 31년간 살았던 집을 개조한 것으로, 하이든의 초상화, 18세기에 출판된 악보, 1780년대의 피아노, 가구 그리고 집의 외관도 등이 전시되어 있으며, 하이든의 음악도 감상할 수 있다.

옮겨왔다. 1954년, 겨우 두개골을 찾아서 완전한 유해로 보관하게 되었다. 현재 하이든의 대리석 묘는 교회 내부에 안장되어 있으며, 열성적인 하이든의 팬들이 그의 묘를 찾아온다.

베르크 교회는 언덕 위에 자리하고 있어서 아이젠슈타트를 대표하는 것처럼 보인다. 교회 안으로 들어가면 장엄하고 엄숙한 벽화가 가득 그려져 있다. 뒤쪽 복도를 지나 지하실로 이어지는 것 같은 방으로 들어가면 어슴푸레한 불빛아래 사람크기만한 밀랍상들이 잔뜩 놓여 있는데, 이것은 예수가 곤경에 처한 상황을 14장면으로 표현한 것이다.

에스테르하지 궁전
Schloss Esterhazy

- P87A2
- Esterházy Palace, A7000 Eisenstadt
- 1월~3월
  (월~목)9:00~17:00
  (금)9:00~17:00 (주말)휴관
  3월~6월, 9월~11월
  8:30~18:00
  7월~8월 (월~일)
  8:30~18:00 *사전예약 필수
- 43-2682-719-3999
- 43-2682-719-3223
- 성인: 6유로(가이드 투어 포함 7.5유로), 어린이 및 학생: 5유로(가이드 투어 포함 7유로)
- www.schloss-esterhazy.at
- @ management@schloss-esterhazy.at

바울 에스테르하지(Paul Esterházy)는 에스테르하지 가문을 위해 적합한 주거지를 찾고 있었다. 1663년~1672년, 이탈리아 건축가에게 의뢰하여 중세에 만들어진 성벽 기초 위에 정방형의 담을 둘러쌌고, 그 후 1797년~1805년, 프랑스 건축가 모로(Moreau)에 의해 현재의 모습으로 재건되었다. 이 14세기의 성은 바로크 시대와 고전 말기의 건축 양식을 융합한 것이다. 지금은 부르겐란트의 새로운 행정사무실로 사용되고 있지만, 관람객들에게 에스테르하지 가문의 전성기를 보여주기 위해 원상태 그대로 보존하고 있는 방 몇 개를 특별히 개방하고 있다.

관람일정의 하이라이트는 바로 하이든 홀을 관람하는 것으로, 하이든 홀 안에서 열리는 작은 음악회를 감상할 수도 있다. 하이든 홀은 하이든이 이곳의 궁정음악사로 있을 당시 자주 연주했던 장소이다. 하이든은 에스테르하지

루스트
Rust

- P91
- Conradplatz 1
- 9:00~12:00, 13:00~16:00
- 43-2685-502
- 43-2685-502-10
- 빈 남부역(Südbahnhof)에서 Rust 행 기차 1일 1회 운행, 약 50분소요, 기차역에서 시내까지 약 2km
- www.burgenland.at
- @ info@rust.at

노이지들러 호수 서쪽 기슭 변에 위치한 작고 아름다운 마을 루스트는 1681년 자유도시가 되었다. 부르겐란트에서 가장 아름다운 도시로 여러 번 선정 되었

의 총애를 듬뿍 받으며 작곡에만 열중하였고 생애 최고의 작품을 만들었다. 우리에게 잘 알려진 유명한 곡들 모두가 이곳 하이든 홀에서 처음으로 공연되었다.

하이든 홀은 1,000명의 관객을 수용할 수 있다. 천장에는 아름다운 벽화가 그려져 있고 바닥은 아름다운 대리석으로 되어있었다.

현재는 음을 흡수하는 효과가 탁월한 나무마루로 교체함으로써, 악단들의 연주가 더욱 선명한 소리를 내게 되었다.

하이든 홀에서는 비정기적으로 음악회가 열리고 있고, 연주되는 음악은 대부분 18세기의 곡들이다.

고 황새로 매우 유명하다. 매년 3월말이 되면 황새들이 이곳으로 돌아와 둥지를 틀고 알을 낳아 부화한 후 8월이 되면 따뜻한 남쪽으로 날아간다.

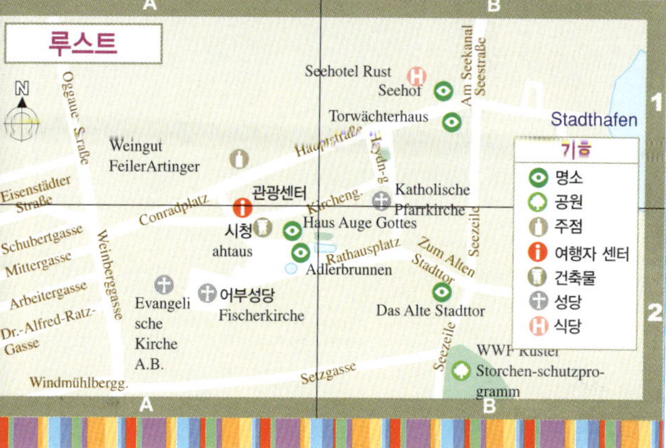

어부의 성당
Fischerkirche

- P91A2
- BH Eisenstadt Umgebung
- 4월~10월:
  (월~토)11:00~12:00
  14:00~15:00
  (일)11:00~12:00, 14:00~16:00
  5월~9월: (월~토)10:00~12:00
  14:30~17:00
  (일)11:00~12:00, 14:00~17:00

아름답고 깜찍한 루스트 시내에서 가장 눈에 띄는 것이 바로 어부의 성당이다. 이 성당은 부르겐란트에서 가장 역사가 깊고, 섬세한 고딕양식의 건축물로, 현재는 박물관과 문화행사 장소로 이용되고 있다.

Weingut Feiler-Artinger(와인 바)

- P91A1
- Hauptstrasse 3
- 43-2685-237
- 43-2685-237-22
- 화이트와인(Weissweine) 한 병당(0.75ℓ) 4유로부터. 아이스와인(Ruster Ausbruch) 한 병당(0.375ℓ) 16유로부터. 레드와인(Rotweine) 한 병당(0.75ℓ) 6유로부터
- www.feiler-artinger.at
- office@feiler-artiner.at
- 매일 무료시음행사와 판매행사를 한다. 사전에 예약하는 것이 좋다.

비옥한 토지와 따뜻한 기후 때문에 부르겐란트의 주변 마을들은 오스트리아의 와인마을로 잘 알려져 있다. 호수를 옆에 끼고 삼면이 들판으로 둘러싸여 있는 루스트는 특수한 지형과 기후로 인해 고품질의 아이스와인 '루스트 오스브루치 (Ruster Ausbruch)'가 생산되는 곳이다. 오스트리아와 독일, 그리고 캐나다 등의 일부 국가에서만 생산되기 때문에 가격 또한 매우 비싸다.

'루스트 오스브루치'는 세계에서 가장 유명한 와인 중 하나이다. 1524년, 헝가리의 마리 왕후 통치시절에는 와인의 품질을 보장하기 위해 이곳에서 생산된 와인에만 「R」이라는 표시를 할 수 있게 규정하였다.

포르히텐슈타인 성
Forchtenstein

P82A3

Melinda Esterhazy Platz 1

4월~10월: 10:00~18:00
*가이드 투어: 겨울에는 사전
예약 필수

43-2626-812-12

43-2626-815-11-13

7유로

www.burg-forchtenstein.at

빈 남부역에서 Wiener
Neustadt 행 기차를 탄다.
다시 택시를 타고 산 위로
이동

해발 50m의 가파른 산 위에 위치한 성의 요새가 웅장한 기개로 높은 곳에서 굽어내려다 보고 있는 것 같다. 원래 13세기 말 스페인 마터스도르프(Mattersdorf) 출신의 백작이 건축한 것으로, 1447년에 합스부르크 왕가가 이 성을 손에 넣어, 17세기말 확장공사를 거친 끝에 지금의 모습을 갖추게 되었다. 신성로마제국의 황제가 1622년 아이젠슈타트와 포르히텐슈타인(Forchtenstein) 성을 니콜라스 에스테르하지(Nikolaus Esterházy, 1583~1645)에게 하사함으로써, 에스테르하지 왕가의 400년 통치가 시작되었다. 터키의 침략을 막기 위해 견고한 토치카도 세웠다. 18세기 말이 되어 에스테르하지 왕가가 아이젠슈타트로 주거지를 옮긴 후이 성은 귀중한 보물과 무기, 그리고 문서를 보관하는 곳이 되었다.

포르히텐슈타인 성에 소장된 소장품들은 아주 많다. 연대가 가장 오래된 것은 르네상스 후기로 거슬러 올라가며, 17, 18세기의 유물이 약 2만점 정도로 가장 많다. 1998년, 개방된 이래 개인 박물관으로서는 유럽 최대의 규모를 자랑하는 곳이 되었다. 소장품들은 성 주인인 에스테르하지 왕가의 높은 안목과 해박한 지식을 엿볼 수 있게 한다. 도서관의 장서들만 해도 7만 권 정도이며, 여러 언어로 쓰인 건축서, 회화서, 예술서, 자연과학 및 법률서적들과 진귀한 골동품과 보물들이 수없이 많이 보관되어 있어 에스테르하지 왕가의 예술품에 대한 안목과 탄탄한 재력을 엿볼 수 있다. 그중 대부분의 보물들은 16세기 말, 유럽공예의 중심인 아우크스부르크(Augsburg)에서 만들어

진 것들로, 당시 금, 은세공의 정교한 기술이 이미 최고의 경지에 이르렀음을 알 수 있다.

그중 순은으로 제작된 테이블은 1687년 바울 에스테르하지(Paul Esterházy)가 신성로마제국의 왕자 시절에 받은 공물 중 하나이다. 탁자 윗면에는 수렵도와 그리스신화를 부조로 새겨놓았고, 부분도금과 수많은 화초 도안들이 빼곡하게 둘러있어 눈이 부시도록 아름답고 화려하여 보는 이를 매료시킨다.

이 밖에 보석을 잔뜩 박아놓은 양면 탁상시계, 갑옷과 투구, 상아로 조각된 군함술잔 등의 정교한 소장품들이 있다. 아직도 움직이고 있는 황금빛 시계는 초침과 분침이 움직이면 윗면에 장식된 모든 동물들이 함께 회전하는 것이 아주 재미있다. 또 당시 여러 차례 전시에 참가했었던 군대로 인해 이곳에는 낡은 무기와 군용품을 소장하게 되었다. 성에 보존된 문헌과 땅 문서 등은 에스테르하지 가문의 역사를 완벽하게 기록했을 뿐만 아니라 오스트리아의 근대역사의 축소판이자, 귀중한 문화자산으로 여겨져 보호받고 있다.

H 숙박

Hotel Burgenland Eisenstadt

P87B1

Franz Schubert-Platz 1, A-7000, Eisenstadt

43-2682-696-0

87유로~133유로

www.hotelburgenland.at

Hotel Haus der Begegnung

P87A2

Kalvarienbergplatz 11, A-7000 Eisenstadt

43-2682-632-90

45.9유로

www.tiscover.at/hdb-eisenstadt

Seehotel Rust

P91B1

Am Seekanal 2-4

43-2685-381-0

65.5유로~101유로

www.seehotelrust.at

Gasthof Ohr Inn

P87B3

Rusterstr. 51, A-7000 Eisenstadt

43-2682-624-60

28유로~155유로

www.tiscover.at/gasthof.ohr

잘츠부르크

Salzgburg

잘츠부르크

Salzburg

잘츠부르크의 아름다움은 이 세상의 것이 아닌 것 같은 착각을 불러일으킨다. 1997년에 유네스코 세계문화유산으로 등재된 잘츠부르크의 가장 큰 특징은 성당들이 밀집되어 있다는 것이다. 또 오스트리아 불세출의 음악신동인 모차르트가 살던 옛집, 연중 4,000회에 걸쳐 다양하게 펼쳐지는 예술문화공연 등 풍성한 볼거리로 가득하다. 특히 7~8월 사이에는 음악의 향연이 펼쳐져 도시는 아름다운 음악소리가 끊이지 않는다.

잘츠부르크 중심가는 걸으면서 천천히 구경하기에 아주 적당하다. 잘츠부르크 외곽지역의 성, 볼프강과 염호지역 일대에 가고 싶다면 버스를 타거나 현지 여행사를 통해 1일 관광을 할 수도 있다.

교통정보

◎ 가는 방법

1. 비행기: 빈에서 잘츠부르크 모차르트 공항까지는 약 50분이 소요된다. 모차르트 공항에서 2번 버스를 타면 시내에 도착. 버스는 15분에 1회 운행

＊항공문의:engl.salzburgairport.com

2. 기차: 빈에서 오스트리아국철 ÖBB를 타고 잘츠부르크 중앙역에 도착, 약 3시간 소요된다. 하루 28회 운행

☎43-1-211-14-0 🚇www.vienna.info

＊기차운행문의 : www.oebb.at

◎ 잘츠부르크 관광정보센터

🏠 Auerspergstrasse 6

☎43-662-88-9870 📠43-662-88-987-32

@tourist@salzburg.info 🚇www.salzburg.info

잘츠부르크를 여행할 때는 「잘츠부르크 카드」를 이용하면 경제적이고 편리한 여행을 할 수 있다. 잘츠부르크 카드는 여러 곳의 관광명소에 무료로 입장할 수 있을 뿐 아니라 대중교통 및 관광버스 등을 무료로 이용할 수 있다.

💲1월~5월, 10월~12월: 24시간 20유로, 48시간 27유로, 72시간 32유로 6월~9월: 24시간 23유로, 48시간 29유로, 72시간 34유로

잘츠부르크
Salzach
Lehenerbruke
Rainerstr.
잘츠부르크
중앙역
Last
enstr
Gabelsbergerstr
NH Carlton Salzburg
Auerspergstr.
미라벨 궁전
Schloss Mirabell
All You Need
Hotel Salzburg
Schwarzstr
물러다리
Mullnersteg
미라벨 화원
Mirabellgarten
Hotel Mozart
NH Hotel Salzburg
모차르트음악학원
Mozarteum
모차르트옛집
Mozart Wohnhaus
Altstadthotel Amadeus
Hotel Schwarzes Rossl
카푸치너베르크
Kapuzinerberg
Makarsteg
슈타츠다리
Staatsbrucke
Rudolfskai
모차르트다리
Mozartsteg
Getreidegasse
모차르트생가
Mozarts Geburtshaus
주고관저
Residenz
대성당 Cathedral
대성당광장
Dom Platz
성피터수도원
Saint Peter's
Festspielhauser
축제극장
잘츠부르크성
Festung Hohensalzburg
기호
명소
성벽
광장
극장
기차역
N

호헨잘츠부르크 성
Festung Hohensalzburg

P99B5
Mönchsberg 34
(1월~4월, 10월~12월)
9:00~17:00
(5, 6, 9월)9:00~18:00
(7, 8월)9:00~19:00
43-662-8424-3011
43-662-8424-3020
성인 8.6유로(가이드 투어 포함 9.8유로), 어린이 4.9유로 (가이드 투어 포함 5.6유로)
www.salzburg-burgen.at
festung@salzburg.gv.at

산 위에 우뚝 솟아있는 호헨잘츠부르크 성은 1077년, 게브하르트(Gebhard) 대주교가 바이에른 공작의 침략을 막기 위해 건축한 것이다. 그 후 이곳으로 부임해오는 대주교들마다 벽돌과 기와를 보태 현재의 모습을 갖추게 되었고, 지금은 잘츠부르크를 대표하는 상징이 되었다.

어두워질 무렵이면 등불이 성을 비춘다. 칠흑 같은 어둠을 비추는 불빛은 고성이 공중에 떠 있는 것 같은 환상적인 모습을 보여준다.

성에 가기 위해서는 케이블카를 이용한다. 카피텔 광장 옆 산길을 올라가다보면 케이블카 타는 곳을 찾을 수 있을 것이다. 또 산길을 따라 성으로 걸어 올라가는 방법도 있어 산책하듯 가벼운 마음으로 올라가보는 것도 좋다. 성에 오르면 성 주위의 산과 유유히 흐르는 잘차흐 강으로 둘러

페스트슈필 하우스
Festspielhaus

P99A4
Hofstallgasse 1
가이드 투어: (1월~5월, 10월~12월)14:00
(6, 9월)14:00, 15:30
(7, 8월)9:30, 14:00, 15:30
43-662-8490-97
43-662-8478-35
성인 5유로, 어린이 2.9유로
www.salzburgfestival.at
festspielshop@cultur-management.com

1920년에 건축된 페스트슈필 하우스는 구시가지에서도 최신 건축물에 속하며, 잘츠부르크 음악축제의 대표적인 공연장소이기도 하다. 내부에는 2개의 콘서트홀이 있다. 그중 대축제극장(Grosses Festspielhaus)은 2,400명의 관중들을 수용할 수

대주교 관저
Residenz

P99B4
Residenzplatz 1
10:00~17:00
43-662-8042-2690
43-662-8042-2978
www.salzburg-burgen.at
residenz@salzburg.gv.at

싸인 구시가지 등 잘츠부르크의 시내 경관을 한눈에 내려다볼 수 있다. 자유롭게 시선이 가는대로 잘츠부르크를 한 번 둘러보자.

성안에서 가장 볼만한 곳은 주교의 방인 '더 로열 챔버(The Royal Chamber)이다. 내부에는 아주 정교한 천장이 있고, 넓디넓은 실내악 콘서트 장에서는 매일 연주회를 하고 있다.

있으며, 무대와 공연장은 빈 국립 오페라하우스와 맞먹을 정도이다. 입구에는 「이 콘서트홀은 음악을 사랑하는 모든 이들을 위해 존재한다. 음악의 신기한 힘이 우리를 인도하고, 발전시키기를 바란다.」라고 라틴어로 쓰여 있다. 이 콘서트홀에는 세계 최정상의 실력을 갖춘 음악가들만이 설 수 있으며, 콘서트홀의 명성도 상당히 높다.

1120년부터 잘츠부르크로 부임해 온 주교들의 관저로 사용되었던 곳이다. 지금의 건축물은 1619년에 완공된 것이다. 미술관과 전람실, 대학총장의 사무실 등의 내부는 바로크양식과 고전양식으로 꾸며져 있다. 벽화, 수를 놓은 휘장, 조각상 등 눈부시게 화려한 보물들은 황궁과 견주어도 손색이 없다. 회의실은 모차르트가 대주교와 왕가 귀족들을 위해 연주를 했던 장소였으며, 관저 밖에 있는 광장은 시민집회를 하는 장소였다.

관저 맞은편에는 커다란 종각(Glockenspiel)이 있다. 이 종각의 35개의 종은 매일 7시, 11시, 18시에 울린다. 은은하고 우렁찬 종소리가 잘츠부르크 구시가지 전체에 아름답게 울려 퍼진다.

대성당
Dom

 P99B4
 Domplatz
 (여름)6:30~19:00
 (겨울)6:30~17:00
 43-662-8047-7950
 43-662-8047-7959
 www.kirchen.net/dom-museum
 dompfarre.sbg@kirchen.net

대성당은 8세기의 역사를 지니고 있다. 전쟁으로 인한 화재로 여러 차례 훼손되어 재건공사를 반복하였으며, 현재는 높이 3.2m, 넓이 6.42m의 바로크양식 성당으로 위용을 뽐내고 있다. 제2차 대전 때는 미국 공군의 폭격을 맞아 옥탑과 내부가 심각하게 파손되었고, 1959년에 이르러서야 복원되었다. 천장의 채색은 세계 각국에서 온 전문가들의 작품이다. 하지만 중유럽 성당의 종 가운데 가장 큰 것으로 알려져 있는 이 성당의 종은 1962년이 되어서야 다시 제자리에 걸렸다. 성당 입구에 있는 3개의 청동문은 각각 "진실" "용서" "희망"을 상징하는 것으로, 모두 1957년에 시작해서 1958년에야 완성된 것들이다.

이 성당은 1920년에서부터 잘츠부르크 음악축제의 대표적인 공연장소로 이용되고 있으며, 가장 대표적인 희극 「누구나」도 이곳 대성당 앞 광장에서 공연되었

성 피터 수도원
St. Petersstiftskirche

 P99B4
 Postfach 113
 5월~9월:
 (화~일)10:30~17:00
 10월~4월:
 (수, 목)10:30~15:30
 (금~일)10:30~16:00
 43-662-8445-76
 43-662-8445-7680
 성인 1유로, 어린이 0.6유로
 www.stift-stpeter.at
 virgil@stift-stpeter.at

대성당의 광장을 지나면 성 피터 수도원의 광장을 볼 수 있다. 광장 오른쪽이 바로 수도원의 지하로 들어가는 곳이다.

수도원을 비롯해 뒤쪽의 묘지까지 성 피터 수도원의 모든 곳은 1130년에 건축된 것으로 잘츠부르크의 유일한 로마네스크양식

미라벨 궁전
Schloss Mirabell

 P99A2
 Mirabellplatz
 (월, 수, 목)8:00~16:00
 (화, 금)13:00~16:00
 43-662-8072-2334
 43-662-8072-2929
 www.salzburg.info
 sabine.prantl@stadt-salzburg.at

아름다운 정원이 있는 미라벨 궁전은 영화 「사운드 오브 뮤직」에서 그 모습을 드러내 세상에 알려지게 되었다.

1606년에 지어진 이 궁전은 당시 볼프스 주교가 부인을 위해서 건축한 것이다. 궁전 안에는 전 세계에서 가장 아름답다고 알려진 예식장이 있으며, 과거 모차르트도 이곳에서 주교를 위해 연주를 하기도 했다. 궁전의 바로크양식의 정원에는 로마 조소, 분수와 미로가 모여 있다.

었다. 성당 안으로 들어가 엄숙하고 평온한 분위기를 한번 느껴보는 것도 좋을 것 같다. 목요일과 금요일 오전에는 성당 안에서 음악회가 열린다. 공연이 끝나고 나올 때 입구에서 관리원이 공손하게 헌금하라고 청할 것이다. 헌금을 하면 그가 방울을 딸랑딸랑 흔들며 고맙다고 인사를 한다.

건축물이다. 그중 가장 특징적인 곳은 복도의 기둥과 정방형의 돌기둥이다. 수도원 내부에 있는 오르간의 역사도 상당히 오래되었는데 모차르트가 이 오르간으로 연주를 했었다고 한다.

모차르트 생가
Mozarts Geburtshaus

- P99B4
- Getreidegasse 9
- 9:00~18:00
  (7, 8월)9:00~19:00
- 43-662-8443-13
- 43-662-8406-93
- 성인 6유로, 어린이 5유로
- www.mozarteum.at
- @ archiv@mozarteum.at

모차르트는 이 건물의 4층에서 태어났다. 이곳은 전 세계에서 모차르트의 유물을 완벽하게 보존하고 있는 곳이다. 이곳에 오면 어린 모차르트가 다락방에서 피아노 연습을 하고 있거나, 창문에서 잘차흐 강을 바라보는 광경을 상상할 수 있게 된다. 모차르트의 사진, 가구, 편지, 악보, 회화작품 등이 보존되어 있다.

모차르테움
Mozarteum

- P99A3
- Schwarzstrasse 26
- 43-662-88940-0
- 43-662-88940-36
- www.mozarteum.at
- @ tickets@mozarteum.at

1914년부터 모차르테움은 국제 모차르트 기금협회(International Foundation Mozarteum)의 주요 근거지로 사용되었다. 이곳에는 모차르트 도서관이 있으며, 정원에는 모차르트의 여름별장 한 채가 있다. 모차르트는 이곳에서 생애 마지막 곡인 오페라 『마술피리(The Magic Flute)』를 완성했다. 콘서트홀에서는 정기적으로 실내악 공연 또는 관현악 연주회가 열린다. 또 이곳 역시 잘츠부르크 음악제의 공연장소이다. 저렴한 가격으로 음악회에 참가하고 싶다면 관광정보센터에 문의하자.

모차르트 옛집
Mozart-Wohnhaus

- P99B3
- Makartplatz 8
- 9:00~18:00
  (7월~8월)9:00~19:00
- 43-662-8742-2740
- 43-662-8729-24
- 성인 6유로, 어린이 5유로
- www.mozarteum.at

@ archiv@mozarteum.at

모차르트가 1773년에서 1780년까지 잘츠부르크 주교의 악사로 있을 당시, 모차르트 일가는 이 건물의 2층에서 7년 동안 살았다. 현재는 전시관으로 꾸며져, 이 집의 역사와 모차르트 일가족의 생활모습을 기록해놓았으며, 그 당시의 집 구조 그대로 보존되어 있다.

Mozarts Geburtshaus

사운드 오브 뮤직 투어
The Sound of Music Tour

미라벨 궁전 광장의 Sightseeing Coach Tours 에 신청하면 참가할 수 있다. 매일 9:30과 14:00 두 차례

43-662-8832-110

43-662-8716-18

성인 35유로, 어린이 18유로

www.panoramatours.at

office@panoramatous.com

잘츠부르크에 왔다면 사운드 오브 뮤직 투어에 참가하자. 시간이 충분하다면 버스를 타고 한 정거장씩 천천히 보고 돌아오면 된다. 그러나 가장 편리한 방법은 현지의 단체 여행객들과 함께 여행하는 것이다. 전 코스를 둘러보는데 4시간이 소요되며 가이드는 영어, 일어, 독일어 서비스를 제공한다.

1965년 개봉한 미국 할리우드의 뮤지컬 영화 『사운드 오브 뮤직』은 전 세계인의 사랑을 한 몸에 받았다. 이 고전적인 영화가 성공한 원인은 실화를 바탕으로 한 사랑이야기가 사람들의 마음을 움직인 이유도 있지만, 동화 같은 호수와 푸른 산, 옛 성과 성당이 한데 어우러진 아름다운 잘츠부르크의 풍경이 환상적으로 표현된 것도 그 이유라고 할 수 있겠다. 영화의 배경 대부분이 잘츠부르크 시가지의 풍경이고, 산과 호숫가는 잘츠감머구트의 풍경이다.

이야기는 제1차 세계대전 전부터 시작한다. 음악을 좋아하는 견습 수녀 마리아가 부인을 잃은 군인 집에 가정교사로 부임해 온다. 엄격한 성격의 대령은 7명의 장난꾸러기 아이들을 스파르타식으로 가르치고, 이 장난꾸러기 아이들은 이미 많은 보모들을 내쫓아버렸다. 그러나 마리아는 대령과는 다른 교육방침으로 아이들을 가르치기 시작한다. 노래를 부르고, 춤을 추며 사랑으로 아이들을 대하는 마리아에게 대령은 점점 호감이 생기기 시작한다. 두 사람은 가족무도회에서 함께 춤을 추게 되고 서로의 사랑을 확인한다. 영화 속에서 대령이 기타를 치며 불렀던 노래 에델바이스(Edelweiss)는 이미 모르는 사람이 없을 정도로 유명한 노래가 되었다. 노래 부르기를 좋아하는 가족은 노래대회에도 참가한다.

노래대회 대회장으로 등장하는 건물이 바로 시내에 있는 페스트슈필하우스이다.

　이야기의 시점은 1938년으로 바뀐다. 독일의 히틀러가 이 지역을 점령하고 대령에게 전쟁에 참가할 것을 요구한다. 대령은 이에 응하지 않고 독일이 점령한 이 지역에서 탈출할 계획을 세운다. 수녀들의 협조를 얻어 몰래 달아난 일가족 모두는 높은 산을 넘어 중립국가인 스위스로 향한다.

7대 명소

첫째 명소: 레오폴츠크론 성
Leopoldskron Castle

　영화 속 대령의 집으로 등장한다. 또 가정교사 마리아가 7명의 아이들에게 노래와 춤을 가르쳐 준 곳이기도 하다. 입구의 호수는 배를 타고 물놀이하던 장면을 찍은 곳이며, 궁전 안의 베니스 방이 바로 영화 속의 연회장이다.

둘째 명소: 큰딸의 데이트 장소, 헬브룬 궁전 Hellbrunn Palace

　바로 영화 속 대령의 큰딸 리즐(Liesl)과 남자친구 랄프가 만날 때 '이제 곧 열일곱 살이예요 (Sixteen Going Seventeen)'를 불렀던 유리하우스가 있던 곳이다. 줄거리 상 필요해서 특별히 건축한 것이라고 한다.

셋째 명소: 상트길겐과 볼프강 호수
St. Gilgen and Lake Wolfgang

　오스트리아에서 가장 인기 있는 관광명소이다. 영화 『사운드

오브 뮤직』이 시작하자마자 등장하는 장소로, 호흡이 멎을 만큼 아름다운 곳이다. 상트길겐으로 가는 도중에 푸슐호수(Lake Fuschl)가 있다. 이곳에서는 모차르트가 살던 집이 보인다. 전설에 의하면, 전 유럽을 여행했던 모차르트는 이곳을 가장 좋아했다고 한다.

넷째 명소: 몬트제 교회
Wedding Church Mondsee

　몬트호변에 있다. 이곳에서 영화 속 결혼식 장면과 마리아가 아이들을 데리고 소풍을 왔던 장면을 촬영하였다.

다섯째 명소: 논베르크 수녀원
Nonnberg Abbey

　마리아가 몸담고 있었던 수녀원이다. 아이들이 이곳으로 마리아를 찾아온 장면에서 나오는 대문과 언덕을 볼 수 있다. 구시가지에서 5번이나 H번 버스를 타도 되고 도보도 가능하다.

여섯째 명소: 미라벨 궁전과 정원
Schloss Mirabell & Gardens

　그 유명한 도레미 송을 부른 장소이다. 시내에 위치해 있어 누구나가 다 알고 있는 유명한 명소이다.

일곱째 명소: 페스트슈필 하우스
Festspielhaus
(단체여행일정에서 제외)

　영화의 가장 마지막 부분인 노래대회와 에델바이스(Edelweiss)를 부른 장면을 찍은 콘서트홀이다. 약 2,400명의 관중들을 수용할 수 있고, 잘츠부르크 음악축제의 대표적인 공연장소이다.

쇼핑

게트라이데 거리
Getreidegasse

P99A4

주철로 섬세하고 아름답게 표현된 예술적인 간판들이 너무나 인상적인 거리이다. 모든 상점들마다 간판에 사활을 건 것처럼 보일 정도이다. 좁고 긴 양측 도로변으로 명품매장과 레스토랑 그리고 카페가 즐비하게 늘어서 있다. 미로처럼 구불구불한 석판 도로와 크고 작은 광장들이 연결되어 있어 어디가 어디인지 방향 잡기가 힘들다. 사실 잘차흐 강이 어느 방향인지만 알고 있다면, 어떤 길로 들어와서 나가든지 상관없이 게트라이데 거리로 돌아올 수 있다. 거리 끝은 구시가 광장(Alter Markt, 알터 마르크트)과 이어져있다. 구시가 광장 옆에는 도시 전체에서 가장 오래된 커피숍 카페 토마젤리 (Café

모차르트 랜드
Mozart Land

P99A4

모차르트 생가 부근에는 기념품점 또한 즐비하다. 그중에 가장 완벽한 기념품점은 모차르트 생가 오른쪽 전방에 있는 모차르트 랜드이다. 2층집인 이 선물가게에서 모차르트에 관한 모든 종류의 제품들을 살 수 있다. 티셔츠, 찻잔, 배낭, 초콜릿, CD 등 갖가지 다양한 제품들이 많이 있기로 유명하다. 2층의 창문 옆에는 모차르트를 닮은 커다란 인형을 놓아두고 있는데, 창문 맞은편에 바로 모차르트의 생가가 있기 때문이라고 한다.

레버&줄리어스 마이늘&퍼스트
Reber&Julius Meinl&Furst

P99A4

잘츠부르크에 왔다면 모차르트 초콜릿을 꼭 맛보자. 잘츠부르크의 유명 특산품인 모차르트 초콜릿은 둥근모양도 있고 납작한 모양도 있다. 포장 역시 크기 별로 다양한데, 보통 자주 볼 수 있는 포장은 붉은 바탕에 은색 초상화가 있는 것이다.

구시가 광장 옆의 초콜릿 전문점 레버(Reber)에는 아주 다양한 모차르트 초콜릿들이 있다.

좀 더 저렴한 초콜릿을 사고 싶다면, 구시가지 잘차흐 강변에 위치한 줄리어스 마이늘(Julius Meinl)에 가자. 이 밖에 회의성당 근처에 있는 퍼스트(Furst)는 진정한 모차르트 초콜릿의 원조라고 한다. 이 가게의 모차르트 초콜릿 포장은 녹색바탕에 은색초

Tomaselli)가 있는데, 1703년 이탈리아 사람이 처음으로 영업을 시작한 곳이다.

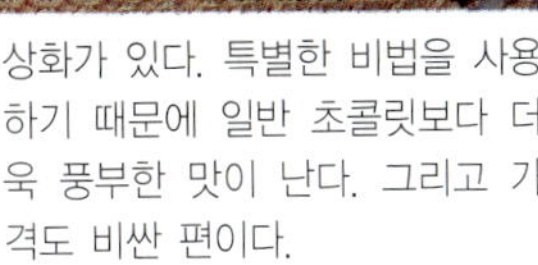

상화가 있다. 특별한 비법을 사용하기 때문에 일반 초콜릿보다 더욱 풍부한 맛이 난다. 그리고 가격도 비싼 편이다.

H 숙박

All You Need Hotel Salzburg
- P99B3
- Glockengasse 4b
- 43-1-534-83-0
- 56유로~98유로
- www.albertina.at

Altstadthotel Amadeus
- P99B3
- Linzergasse 43-45
- 43-662-87-1401
- 55유로~150유로
- www.hotelamadeus.at

Hotel Mozart
- P99B3
- Franz-Josef-Strasse 27
- 43-662-87-2274
- 65유로~501유로
- www.hotel-mozart.at

NH Hotel Salzburg
- P99B3
- Franz-Josef-Strasse 26
- 43-662-88-2041-0
- 66.8유로~86.8유로
- www.nh-hotels.com

Hotel Scgwarzes Rössl
- 99B3
- Priesterhausgasse 6
- 43-662-87-4426
- 34유로~75유로
- www.academia-hotels.co.at

NH Carlton Salzburg
- P99A2
- Markus-Sittikus Strasse 3
- 43-662-88-2191-0
- 66.8유로~197.8유로
- www.nh-hotels.com

인스부르크

Innsbruck

인스부르크

Innsbruck

오스트리아 서부 변방에 위치한 인스부르크는 독일 남부와도 인접해있다. 시내에서 보면 백설이 새하얗게 쌓여있는 알프스 산이 작은 마을과 구시가를 감싸고 있어 마치 세상과 단절된 것 같은 풍경을 연출하고 있다.

사실 1363년 인스부르크가 속해있던 티롤(Tirol)은 독립된 국가였다. 그러나 합스부르크 왕가의 루돌프 4세(Rudolf Ⅳ)가 티롤공작이 세상을 떠났다는 소식을 듣고, 가짜문서로 공작부인을 속여 티롤을 손에 넣었다. 그 후부터 티롤은 합스부르크 왕가의 영토가 되었고, 막시밀리안 1세(Maximilian Ⅰ, 1459~1519) 통치시절에는 신성로마제국의 수도가 되었다. 막시밀리안 황제의 적극적인 관심과 지지로 인스부르크는 아주 빠른 속도로 번창하게 되었고 빈에 버금가는 주요 도시로 거듭났다.

1665년 수도를 이전한 후에도 합스부르크 역대 왕들은 인스부르크에서 여름을 보냈다. 제2차 세계대전 후 치른 두 번의 동계올림픽은 인스부르크를 명실상부한 겨울 스포츠의 도시로 발전시켰고, 여름철에는 등산 활동으로 유명한 곳이 되었다.

◎ **인스부르크관광국**

Burggraben 3
43-512-598-50
office@innsbruck.info
www.innsbruck.info

인스부르크를 가장 편하게 여행하는 방법은「인스부르크 카드(Innsbruck Card)」를 이용하는 것이다. 45곳의 관광명소를 무료로 관람할 수 있고, 대중교통 및 관광버스를 무료로 이용할 수도 있다.

24시간 23유로, 48시간 28유로, 72시간 33유로

◎ **교통편**

뮌헨에서 기차를 탄다. 30분에 1회 운행된다. EC(직행기차)를 타면 약 1시간 50분이 소요된다.

만약 알프스 산의 풍경을 보고 싶다면, 가르미슈-파르텐키르헨(Garmisch-Partenkirchen)을 경유하는 RB기차를 타면 된다. 약 2시간 45분이 소요된다. 잘츠부르크에서 직행기차를 타면 약 1시간 50분이 소요되고, 빈에서 직행기차를 타면 약 5시간이 소요된다.

인스부르크

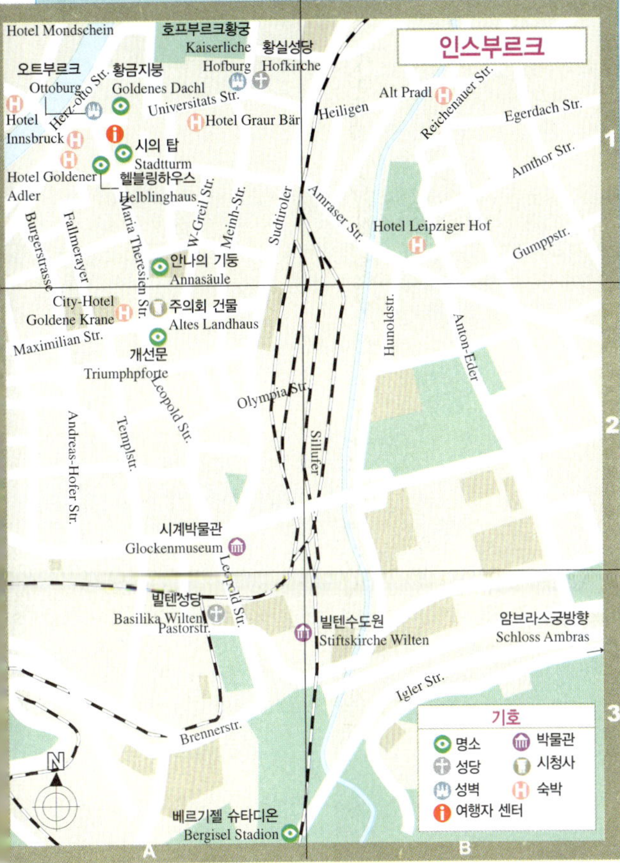

호프부르크 왕궁
Kaiserliche Hofburg

- P113A1
- 황금지붕에서 도보5분
- 9:00~17:00(16:00까지 입장가능)
- 43-512-587-186-13
- (09)363-6378
- 성인 5.45유로, 어린이 1.09유로
- www.tirol.com/hofburg-ibk
- hofbure.ibk@tirol.com

막시밀리안 1세(Maximilian Ⅰ)가 집권한 후 이 왕궁의 건설이 시작되었다. 그의 손자 페르디난트 1세(Ferdinand Ⅰ)가 대대적으로 확장공사를 하여 한층 더 웅장한 모습으로 변모하였으며 18세기 마리아 테레지아 집권 시절 이 왕궁을 다시 바로크양식으로 개축하였다. 눈부시게 화려한 호프부르크 왕궁은 20개의 방으로 구성되어 있고, 모든 방이 화려하고 섬세한 부조와 벽화로 장식되어 있다.

자이언트 룸

이곳만큼 눈길을 끄는 곳은 없을 것이다. 마리아 여왕과 그녀의 남편 프란츠, 그리고 장남 요제프 2세의 초상화와 다른 자녀의 초상화도 걸려있다. 마리아의 딸들은 유럽의 여러 황실과 정치적인 목적으로 혼인을 맺었다. 그래서

마리아 여왕의 별명은 "유럽의 장모"이다.

자이언트 룸의 천장 벽화

자이언트 룸 천장에 있는 벽화는 합스부르크 왕가의 정치적인 통혼을 표현한 것이다. 황실가족들은 중앙에 있고, 그 주위로 티롤 백성들의 생활모습이 그려져 있다.

안드레아 호퍼의 방

방 중간에 있는 옥좌는 마리아 여왕을 알현할 때 여왕이 앉는 자리이다. 방의 이름은 티롤의 영웅 안드레아 호퍼(Andrea Hofer)의 이름을 따서 지었다. 불행한 엘리자베트 황후(Empress Elisabeth, 애칭: 시씨, 1837~1898, 독일 바이에른의 공주)와 피살당한 그녀의 남편인 요제프 1세(Franz Josef Ⅰ: 합스부르크 최후의 황제)의 초상화도 함께 볼 수 있다.

예배당

흑백으로만 장식된 바로크양식의 예배당은 마리아 여왕의 남편

명소

프란츠 1세가 별세한 후에 개축된 것이다. 이곳에 있는 성모 마리아가 예수를 안고 있는 조각은 왕후의 비통한 심정을 나타내는 것이다.

전무후무한 마리아 테레지아 여왕

18세기의 마리아 테레지아 여왕은 유럽 역사상 가장 권력 있는 여성이었으며, 지금의 독일, 오스트리아, 체코, 헝가리 등 여러 나라를 통치하였다. 그녀가 즉위한 후 1740~1748년에는 '슐레지엔 전쟁'을 치렀고, 1756년~1763년에는 '7년 전쟁(3차 슐레지엔 전쟁)'을 치렀다. 비록 슐레지엔 전쟁으로 일부 영토를 프로이센에게 줘야 했지만, 그녀에 대한 국민들의 마음에는 아무런 영향을 끼치지 못하였다.

마리아 여왕은 역사상 가장 현명한 군주였다. 그녀는 정치체제를 개편하는 한편, 상업과 무역을 촉진하는 정책을 실시하고, 인재를 널리 등용하였으며, 교육보급에 힘썼다. 이렇게 빛나는 업적은 그녀의 뛰어난 능력을 증명하고 있다. 남편 프란츠 1세(프랑스 로렌지역의 귀족, 후에 신성로마제국의 황제로 선택됨)와도 두터운 애정을 과시하여 16명의 자녀를 두었다. 안타까운 것은 1765년 마리아의 둘째아들 레오폴트 2세가 스페인 공주를 신부로 맞아들인 예식장에서 프란츠가 갑자기 세상을 떠나버린 것이나. 마리아 여왕은 슬프고 비통한 마음에 1780년 죽기 직전까지 상복을 입었다고 하니, 남편에 대한 그녀의 사랑이 얼마나 깊었는지 잘 알 수 있다.

암브라스 성
Schloss Ambras

 P14A3
 Schlossstrasse 20
 4월~10월:
　(월, 수~일)10:00~17:00
 43-1-525-24-4802
 도시의 서쪽 교외에 위치 트램 1, 6호, 버스 K번 또는 관광버스를 이용
 성인 8유로, 어린이 6유로
 www.khm.at/ambras

　화려하고 웅장한 암브라스 성은 사실 페르디난트 2세(Ferdinand II)의 명령으로 중세의 성을 1565년에 개축한 것이다. 페르디난트는 부친 필립(Philippe Schone)의 명을 받들어 티롤을 통치하였다. 하지만 그는 도시 내의 왕궁에서 지내지 않고 꼭 외곽에 있는 궁전에서 지냈다. 이것은 평민여인을 왕후로 맞이한 사실을 숨기기 위해서였다. 당시의 합스부르크 왕가는 막시밀리안에서부터 손자뻘인 페르디난트 2세까지 계승되었으며, 수차례 정치적인 혼인관계로 세력 확장을 한 결과 통치세력이 유럽대륙을 넘어서고 있었다. 막강한 권력을 가진 페르디난트가 보헤미아의 총독으로 있을 때 평민인 필리피네(Phillippine Welser)라는 여인을 사랑하게 되고 왕후로 삼겠다고 고집을 부렸다. 필립국왕은 단단히 화가 났지만 아들의 고집을 꺾을 수는 없었다. 그래서 페르디난트에게 반드시 귀족여인을 후궁으로 삼아야 하고, 필리피네가 낳은 아이는 왕위를 계승할 수 없도록 한다는 조건을 제시했다.

　페르디난트 2세는 르네상스 역사에서 중요한 수집가 중의 한사람이다. 암브라스 성에 전시되어 있는 초상화, 산호, 투구와 갑옷 등의 유물들도 모두 그가 수집한 것이다. 많은 소장품들을 빈으로 옮겼지만 이곳에 남아있는 소장품들의 가치 또한 놀랍다.

스페인 관

 암브라스 성에서 가장 인기 있는 곳이다. 1569년~1572년에 건축되었으며, 티롤 역대 대공들의 초상화가 진열되어 있다. 때문에 이곳 또한 티롤과 합스부르크 왕가를 가장 잘 이해할 수 있는 장소가 되었다. 스페인 관은 현재 음악 콘서트홀로 사용되고 있으며, 외부에 대여하기도 한다.

초상화 화랑

 화랑에는 마치 사진과 같은 초상화가 여러 점 전시되어 있다. 막시밀리안 1세는 그의 첫 번째 부인 마리아 버건디(Maria von Burgundy)와의 결혼을 통해 합스부르크 왕가 기사단에 들어갈 수 있었으며, 그의 목에 걸려있는 목걸이가 그것을 증명해주고 있다.

드라큘라의 원화

 그 이름만 들어도 누구나 다 아는 드라큘라의 원그림이 암브라스 성 내부에 전시되어 있다. 그림의 인물은 드라큘라 백작(Duke Viad Dracul of Wallachia)의 손자인 블라드 4세(Vlad Ⅳ)라고 하며, 소설 『드라큘라』의 실제 모델이다.

홀
Hall

🏠 인스부르크에서 출발, 버스 약 20분소요

🚇 www.regionhall.at

암염 산으로 유명했던 홀은 인스부르크 부근에 위치해 있는 작은 도시이다. 이곳의 고성은 12세기에 지어졌으며, 15세기에는 지그문트 황제(Sigmund der Munzreiche)가 세계에서 처음으로 이곳에서 화폐를 제조하였다. 또 막시밀리안 1세는 이곳에서 그의 두 번째 부인을 맞이하는 결혼식을 거행하였다.

이 지역은 소금과 화폐를 제조하여 막대한 부를 쌓았을 뿐만 아니라 수많은 역사 유적들이 보존되어 있는 곳이다. 그중에 가장 볼 만한 곳은 시내에 위치한 시청사(Rathaus)이다. 1406년에 합스부르크 왕가의 레오폴트 4세(Leopold IV)에 의해 건축된 것이며, 내부의 조각과 유리장식은 베니스의 장인이 만든 것이다. 시청사는 결혼식장으로 개방하고 있다.

홀의 구시가지에서 성 니콜라우스 성당도 꼭 둘러보자. 성 니콜라우스 성당은 고딕양식의 첨탑과 벌집모양의 유리창, 그리고 화려한 바로크양식의 주 제단이 볼 만하다. 좌측의 작은 예배당에는 수많은 성인의 두개골이 안치되어 있어 많은 신도들이 이곳을 방문한다.

중세 기사의 저녁식사
Restaurant Ritterkuchl

🏠 Salvatorgrasse 6

💲 43-5223-531-20

💲 중세 식 저녁: 4코스요리, 1인당 19유로로

🕐 19:30~01:00

🚇 www.ritterkuchl.at

홀에 왔다면, 꼭 중세 식 저녁식사에 참석해 보자. 주인은 먼저 손님들이 턱받이를 두르는 것을 도와준 후 국왕 한 명과 왕후 한

명, 그리고 2명의 시중을 뽑는다. 그러고 나서 중세 식 저녁식사가 시작된다. 옛 방법대로 식사를 하기 때문에 자그마한 나무 판(도마와 유사)과 나이프 한 개만 사용할 수 있다. 전채 요리로는 호밀빵 슈바르츠 브로트(Schwarz Brot)와 양파, 고기요리와 소스가 곁들여서 나온다. 이어 당근과 감자, 표고버섯, 보리 등 다양한 재료로 만든 잡곡밥과 따뜻한 국이 나오며, 주 요리인 돼지 불고기와 초절임한 야채, 그리고 치즈요리가 나온다. 그리고 사과파이 같은 달콤한 후식이 나온다. 중세 식의 저녁은 4코스의 요리가 나오는 것이 표준이다. 음식은 양도 많고 맛도 있어 아주 즐거운 저녁식사가 될 것이다. 음식을 먹을 때 맥주나 식욕을 돋우는 '벌꿀주(Met)'

를 곁들이는 것을 잊지 말자! 그리고 건배할 때는 중세 식으로 「Aut die Gesundheit」(건강을 위하여)라고 말하자!

빌텐 성당
Basilika Wilten

🔷 P113A3

🔵 빌텐 수도원의 맞은편에 위치 트램 1, 6호나, 관광버스 이용

14세기부터 이곳은 티롤에서 가장 중요한 성지 순례지로 알려져 있다. 전설에 의하면 로마군이 이곳에 주둔할 당시 마리아상을 세웠다가 철수할 때 네그루의 소나무 사이에 묻어 버렸는데 6세기에 이르러서 한 농부가 마리아상을 발견하였고, 마리아상을 파낸 그 자리에 성당을 지었다고 한다.

이 성당은 점점 알프스산맥 전체에 알려져 수많은 신도들이 찾아오는 곳이 되었다. 로마교황이 이 성당의 주교를 직접 파견하는 것만 봐도 이 성당의 지위가 어느 정도인지 짐작할 수 있을 것이다. 정문 위에 교황을 상징하는 문장을 볼 수 있다.

빌텐 성당은 1755년에 건축되어 지금의 모습을 갖추었다. 후기 바로크양식을 띠고 있으나 로코코양식에 더 가깝다고 할 수 있다. 성당 벽에 장식된 부조들은 생동감이 넘치며, 흰색, 분홍색, 아이보리색 등 아름다운 색의 조화 또한 볼 만하다. 천장 벽화의 투시도법도 매우 뛰어나다.

시의 탑
Stadtturm

- P113A1
- 황금지붕 맞은편에 위치
- (6월~9월)10:00~20:00
  (10월~5월)10:00~17:00
- 종탑관람 2.50유로

1440년에 건축된 시의 탑은 모두 148개의 계단으로 이루어져있다. 31m 높이의 탑에 올라가면 인스부르크의 구시가와 구불구불 이어져 있는 작은 골목들이 한눈에 내려다보이며, 저 멀리로는 만년설로 뒤덮인 알프스 산의 아름다운 경치를 만끽할 수 있다.

빌텐 수도원
Stiftskirche Wilten

- P113B3
- Klostergrasse 7
- 관람하기 전 사전예약 필수
- 트램 1, 6호나 관광버스 이용
- 무료
- www.stift-wilten.at

프레몬트레 수도회(Premon-stratensian)에 속해있는 빌텐 수도원은 1665년에 수도원 성당을 건축하였다. 성당의 기원은 북 게르만에서 온 두 명의 거인 하이몬과 다리우스에서 유래하였다. 실수로 다리우스를 죽이게 된 하이몬이 죗값을 치루기 위해 이 성당을 지었다고 전해진다. 성당 안에는 하이몬과 같은 크기의 조각상이 있는데 손에 용의 혀를 움켜쥐고 있는 모습이다. 용은 시레 강이 범람하여 재앙을 초래하는 것을 암시 하는 것이고 혀를 움켜쥐고 있는 것은 하이몬이 백성에게 해를 끼치는 것들을 없애는 모습을 나타내는 것이다.

이 성당은 전형적인 초기 바로크형식의 건축물이다. 성당은 서쪽을 향하고 있고, 제단은 동쪽을 향해 지어졌다. 사용한 재료는 검은색의 고급 회목(노송나무)과 백색의 부조들로, 강렬한 흑백대비 효과를 빚어내고 있다.

종 박물관
Glockenmuseum

- P113A2
- Leopoldstrasse 53
- (월~금)9:00~17:00
  (토)5월~9월까지만 개방
- 43-512-594-160
- 성인 4유로, 14세 이하 2.5유로
- www.grassmayr.at
- 트램 1, 6호나 K, S, J 버스
  또는 관광버스 이용, 성 안나

의 기둥에서 도보20분

10세기부터 유럽인들은 종을 하나님과 소통할 수 있는 방법이라고 믿어왔던 것 같다. 이때부터 성당의 가장 높은 곳에 종을 매달아 놓았으며, 종을 주조하는 업종이 발전하기 시작하였다.

이 박물관에서는 종을 주조하는 발전과정을 전시하고 있다.

성 안나의 기둥과 개선문
Annasäule/Triumphpforte

P113A1

Maria Theresia Strabe 역
에서 도보10분

성 안나의 기둥과 개선문은 인스부르크를 대표하는 상징물로 마리아 테레지아 거리에 있다.

1704년~1706년 사이에 세워진 성 안나의 기둥은 티롤이 1703년 바이에른을 성공적으로 격퇴한 것을 기념하기 위해 지은 것이다.

개선문은 1765년 마리아 테레지아 여왕의 둘째 아들의 결혼식 기념으로 세운 것으로 남편 프란츠가 결혼피로연장에서 갑자기 별세하면서 남쪽 면에는 즐겁고 유쾌한 결혼식이 조각되었고, 북쪽 면에는 남편을 잃은 비통한 슬픔이 표현되었다.

◉ 명소

황금지붕
Goldenes Dachl

🧭 P113A1

🏠 트램 1, 3 ,6호 또는 버스 O, C, J, A, R 승차, Marktplatz 에서 하차

🕐 막시밀리안 전시관: (5월~9월)10:00~18:00 (10월~4월)10:00~17:00

💲 성인 3.80유로, 할인 1.8유로

인스부르크의 상징과도 같은 곳이라 할 수 있는 황금지붕은 후기 고딕양식의 건축물로, 지붕은 2,738개의 금박을 입힌 동판으로 덮여있다. 황금지붕은 막시밀리안 1세(Maximilian Ⅰ)와 두 번째 신부 비앙카(Bianca Maria Sforza)의 결혼을 축하하기 위해 1496년~1500년 사이에 건축되었다.

호프키르헤 왕궁교회
Hofkirche

🧭 P113A1

🕐 9월~6월: (월~토)9:00~17:00 (일)9:00~12:00 7, 8월: (월~토)9:00~17:30 (일)9:00~12:00

📞 43-512-594-89

🚶 황금지붕에서 도보5분

💲 성인 8유로

🌐 www.hofkirche.at

페르디난트 1세(Ferdinanad Ⅰ)는 인스부르크에 가족의 동상 40개를 놓고 싶다는 조부 막시밀리안 1세의 소망을 이루어주기 위해 1553년부터 왕궁교회를 건설하기 시작하였다. 10년 가까이 공사를 한 교회는 고딕양식과 르네상스양식이 공존하고 있다. 정문은 분홍색 대리석으로 이루어져 있으나 내부는 흑백위주로 꾸며져 있다. 중앙에는 고대 그리스풍의 대리석 석관이 놓여 있으며, 초대형 동상들이 석관 주위를 둘러싸고 있다.

베르그이젤
Bergisel

- P113A3
- Maria-Theresien-Platz
- (매일)9:30~17:00
- 43-512-589-259
- 트램 1, 6호 또는 관광버스 이용
- 성인 7.90유로, 할인 0.90유로
- www.bergisel.info

베르그이젤 언덕은 200년 전 안드레아 호퍼가 티롤 군을 이끌고 나폴레옹에 맞서 혈전을 벌였던 곳이다. 1925년 인스부르크는 이 역사적인 유적지 위에 스키점프대를 설치해 1964년과 1976년 동계올림픽을 치렀으며, 1988년에는 교황 바오로 2세가 만인을 위한 축복행사를 이곳에서 개최하였다.

인스부르크는 2002년 국제스키점프대회를 치르기 위해 영국의 유명한 건축사 자하 하디드(Zaha Hadid)를 초빙하여 새로운 스키점프대를 디자인하게 하였다. 혁신적이고 개성적인 스키점프대는 경쾌하고 독창적인 디자인으로 2002년 오스트리아 건축금상을 수상하였으며, 하디드 역시 더욱 유명세를 타게 되었다.

베르그이젤의 스키점프대는 그 자체가 예술적인 걸작품이기도 하지만 전망대로서의 역할도 톡톡히 하고 있다. 그러나 프로선수들만 사용할 수 있다.

알테 란트하우스(주의회 건물)
Altes Landhaus

- P113A2
- 기차역에서 도보10분

티롤의 의회는 중세 시민계급이 성장한 후에 형성되었다. 수공업, 교회, 귀족, 농민 등 제각기 다른 4개의 세력들로 이루어져 있었다. 건축에서도 각각의 분야를 상징하는 베틀, 십자가, 두상과 수레를 볼 수 있다.

인스부르크에서 가장 아름다운 건축물이라고 할 수 있는 알테 란트하우스는 1725년~1728년에 건축된 바로크양식의 건축물이다. 의회 건물에서는 아잠형제(Asam, 성 야콥 사원을 설계함)가 제작한 부조작품을 볼 수 있다.

성 야콥 사원
Dom Zu St. Jakob

P113A1

황금지붕에서 도보5분

성 야콥 사원은 지진 때문에 훼손되었다가, 1717년 다시 개축되었다. 당시 유명한 종교화가인 아잠형제(Asam)가 설계를 담당하였으며, 검은 대리석과 흰 대리석, 그리고 분홍 대리석을 번갈아가며 장식했다. 아름다운 천장벽화가 있으며, 현지인에게 "돔"이라는 애칭으로 불린다.

주 제단

제각기 다른 높이에 성모마리아상이 놓여 있다. 제단 중앙에 있는 회화는 평온하고 행복한 느낌이 들게 한다.

설교단

2차 세계대전 당시 폭발로 인해 산산조각이 났다가 후에 원래 자리에 그대로 복원한 것이다. 복원된 것이라고는 믿어지지 않을 정도로 섬세하고 화려하다.

천장 벽화

하나님, 황제, 성인 등이 잘 표현되었다는 것을 볼 수 있다.

쇼핑

스와로브스키 크리스털 월드
Swarovski Kristallwelten

- P14A3
- Kristallwelten StraBe 1, A-6112 Wattens (인스부르크와 약 15km 떨어져있음)
- 9:00~18:00
- 43-522-451-080
- 직행버스 인스부르크 발 스와로브스키 크리스털 월드 행 이용, Hauptbahnhof, Museum Strasse, Hunferburgbahn세 곳 모두 승차 가능(출발시간)9:00, 11:00, 13:00, 15:00
  성인 왕복 8.50유로, 12세미만 무료
- 성인 8유로, 12세미만 무료
- www.kristallwelten.com

100여 년 전, 다니엘 스와로브스키(Daniel Swarovski)라는 보헤미아 사람이 전력과 수자원이 풍부한 티롤에 와서 크리스털을 소재로 장식품을 제조하기 시작한데서부터 스와로브스키의 역사가 시작되었다.

당시 보헤미아 유리가공업의 경쟁은 상당히 치열하였다. 때문에 스와로브스키는 오스트리아에서 가져온 크리스털만 고집하였다. 그는 3명의 장인들과 이곳에서 크리스털 사업을 시작하였고, 시대가 변하면서 작은 공장에서 거대한 다국적기업으로 발전하였다. 1995년 스와로브스키 창립 100주년을 기념하기 위해 공장 부근의 언덕에 스와로브스키 크리스털 월드를 조성함으로써 세계에서 가장 아름다운 크리스털 박물관이 정식으로 개관되었다. 예술가 안드레 헬러(Andre Heller)가 설계를 담당하였고, 내부 인테리어는 영국의 유명한 건축가 콘란 (Sir Terrance Conran)의 사무실에서 맡았다. 각도에 따라 각기 다른 빛을 발하는 크리스털을 이용한 창의적인 작품을 전시함으로써, 크리스털과 인간이 교감을 나눌 수 있는 장을 마련하였다. 예컨대 크리

스털 행성과 크리스털 성당 크리스털 극장, 그리고 예술적인 크리스털 숲과 갤러리, 이밖에 문학적인 표현의 크리스털 서체, 유랑하는 서사시 등, 발이 닿는 곳마다 크리스털이 반짝이며 다양한 모습을 뽐내고 있다. 800㎡에 이르는 스와로브스키 숍에서는 좋아하는 크리스털 제품을 마음껏 고를 수 있으며, 카페 루나에서 커피를 마시고 맛있는 음식도 맛볼 수 있다.

와텐스의 거인

크리스털 월드의 입구이다. 현지 마을인 와텐스(Wattens)의 이름을 따서 지어진 와텐스의 거인

은 크리스털을 지켜주는 수호신이다. 부리부리한 두 눈은 모두 크리스털로 만들어졌으며, 빛에 따라 다양한 광채를 내뿜는다. 옆의 미로는 손을 나타낸다. 전시관 내부에는 거인이 여행을 갈 때 가지고 다닌다는 아코디언과 지팡이, 그리고 크리스털 반지가 전시되어 있어 관람에 재미를 더해주고 있다.

입구 홀

1,000만 유로 상당의 크리스털 벽이 홀 한쪽 벽면에서 반짝반짝 빛난다. 홀 안으로 들어가면 세상에서 가장 큰 크리스털(30만 캐럿)에서 뿜어져 나오는 눈부신 빛이 현관을 밝히고, 옆으로는 가장 작은 0.00015캐럿의 크리스털 작품이 전시되어 있어 대비를 이룬다.

얼음 터널

크리스털 월드는 건축에만 1,500만 유로가 투자되었다. 하지만 이는 입구의 얼음터널에 사용한 고가의 크리스털은 계산에 넣지 않은 것이다. 얼음터널은 아방가르드적인 작품이다. 벽면에 정교하게 커팅된 크리스털 작품이 빛을 투과시켜 차가운 얼음빛을 내뿜으면서 마치 얼음세계에 온 것 같은 착각을 불러일으키게 한다.

크리스털 숲

시각예술가 파브리치오 플레씨(Favrizio Plessi)가 설계한 것으로, 불과 물, 크리스털을 사용하여 장식한 가공적인 공간이며, 크리스털 월드의 마지막 장소이다.

골드너 애들러 호텔
Hotel Goldener Adler

P113A1
Herzog-Friedrich Strasse 6
호텔 : 43-512-571-111,
Maria Von Burgund
레스토랑 :43-512-587-
468
www.goldeneradler.com

골드너 애들러 호텔은 15세기부터 고위 관리와 귀족들이 자주 드나들던 곳이다. 막시밀리안 1세와 음악가 모차르트, 바그너 역시 이곳의 귀빈이었다. 2층의 레스토랑에서는 아주 고급스러운 오스트리아 전통음식을 맛볼 수 있을 뿐만 아니라 아름다운 인 강의 경치도 감상할 수 있다.

오스트리아의 분식

오스트리아에서 가장 흔하게 접할 수 있는 간식은 튀김 음식으로 시금치만두(Spinatknodel)와 감자만두(Tirolean Frittes), 또는 가지 야채볶음 (Melanzane-corden bleu) 등 그 종류가 매우 다양하다.

티롤 불고기

알프스산맥의 초원에서 자라는 소는 아주 유명하다. 티롤의 소불고기(Tiroler Grost'l)는 한번 맛 볼 만한 음식이다.

오토부르크 Ottoburg

오토부르크는 원래 성벽 위에 지어진 탑의 방이었다. 지금은 레스토랑으로 사용되고 있다.

Ⓗ 숙박

Hotel Innsbruck

✈ P113A1
🏠 Innrain 3
☏ 43-512-5351-555
💲 99유로~248유로
🌐 www.tiscover.at/hotel.inns-bruck

Hotel Grauer Bär

✈ P113A1
🏠 Universitätsstraße 5-7
☏ 43-512-592-40
💲 88유로~205유로
🌐 www.innsbruck-hotels.at

Alt Pradl

✈ P113B2
🏠 Pradlerstrasse 8
☏ 43-512-586-160
💲 37.5유로~75유로

City-Hotel Goldene Krone

✈ P113A2
🏠 Maria-Theresien-Str. 46
☏ 43-512-586-160
💲 54유로~143유로
🌐 www.golden-krone.at

Hotel Leipziger Hof

✈ P113B1
🏠 Defreggerstrasse 13
☏ 43-512-343-525
💲 85유로~200유로
🌐 www.leipzigerhof.at

Hotel Mondschein

✈ P113A1
🏠 Mariahilfstrasse 6
☏ 43-512-22-784
💲 75유로~160유로
🌐 www.mondschein.at

그라츠
Graz

그라츠

Graz

오스트리아 제2의 도시이자 슈타이어마르크(Steiermark)의 주도인 그라츠는 유명한 관광명소 중의 하나이다. 구시가에는 중세의 귀중한 건축물들이 많이 모여 있어 1999년 유네스코(UNESCO) 세계문화유산으로 등재되었으며, 2003년 유럽의 문화 도시로 선정되었다. 그라츠는 오스트리아 서남쪽에 위치해 있고, 동유럽과 발칸반도에 잇닿아있어 풍부하고 다양한

문화적 특색을 띠고 있다. 남쪽으로는 알프스산맥과 인접해 있고, 무르 강 (Mur)이 시내를 걸쳐 흐르며, 주위는 온통 광활한 녹지로 둘러싸여 있어 「화원의 도시」라고 불린다. 또 50,000명이 넘는 학생들이 학구열을 불태우고 있는 오스트리아의 대표적인 대학도시이기도 하다. 그라츠의 거리를 걷다보면 고급스럽고 화려한 쇼 윈도우 앞을 오고가는 그라츠 시민들의 우아한 모습 속에서 예술의 도시에 온 것을 실감할 수 있을 것이다.

교통정보

◎ **가는 방법**

　1. 비행기: 빈 그라츠 공항(매일 5회 운항, 약 30분소요)
　＊공항에서 공항버스이용(30~60분마다 1회 운항, 약 20분소요)
Hauptbahnhof, Jakominplatz, Griesplatz에서 하차
　　항공문의: www.flughafen-graz.at
　2. 기차: 빈에서 오스트리아 국철 ÖBB를 타고 그라츠 중앙역에 도착, 약 2시간 50분소요.
　　www.oebb.at
　중앙역 앞에 트램 역이 있어 트램 1, 3, 6, 7호를 타고 시내에 도착할 수 있다.

◎ **그라츠 관광정보센터**

Herrengasse 16

(월~토) 9:00~18:00
　(주말 및 공휴일)10:00~18:00
　6월~9월: (월~금)9:00~19:00

43-316-8075-0

가장 번화한 헤렌가세(Herrengasse)에 위치해 있다. 시내 안내도와 트램 노선도, 관광정보를 무료로 제공하고 있으며, 그라츠 시내나 시 외곽의 유명한 명소를 관람하는 패키지 투어도 마련하고 있다. 여행문의도 할 수 있다.

여행 Tip

　1. 시내를 한가롭게 걸어 다니며 구경할 수도 있고, 트램(Tram)를 타고 다니며 관광을 할 수도 있다. 트램 표는 장당 1.7유로(1시간 내에는 무한정으로 이용할 수 있다.)이며, 24시간 권 3.4유로, 일주일승차권 8.2유로이다. 트램 표는 담배 가판대나 여행정보센터, 또는 트램 역에서 구입할 수 있다. 트램 노선도는 관광정보센터에서 무료로 제공하고 있다.

　2. 상점과 레스토랑 영업시간
　(평일)10:00~18:00 (토요일)10:00~17:00
　＊상점은 일요일 휴무

무르 강의 섬
Island in the Mur

- P132A2
- (월~토)10:00~새벽 4:00
  (일)10:00~새벽 2:00
- 커피 1.8유로부터, 차 2.1유로부터

그라츠 시내에는 독특한 디자인의 건축물이 있다. 바로 그라츠 시내를 가로질러 흐르는 무르 강 위에 은빛으로 반짝거리는 인공 섬이다. 수많은 은빛 관들로 이루어진 인공 섬은 미국의 비토 아콘치(Vito Acconci)가 설계한 것으로 그라츠를 유럽의 문화중심도시로 만드는 데 큰 역할을 했다.

눈이 부시도록 반짝거리는 이 섬은 물결을 따라 위 아래로 흔들거린다. 이곳의 노천극장은 공연장소로 이용되고 있으며, 주위의 은빛 관들은 어린이들의 놀이터가 되었다. 또 낮에는 커피를 마시고, 저녁이면 술을 마실 수 있는 실내 레스토랑까지 있다.

이곳의 레스토랑은 2003년 3월 문을 연 후부터 젊은 연인들의 발걸음이 끊이지 않는 데이트 명소가 되었다. 남색과 은색을 주로 사용한 인테리어와 메뉴판의

디자인까지 아주 감각적이다. 특히 이곳의 화장실은 마치 우주선같이 특이한 디자인으로 설계되었다. 한 가지 이상한 점은 화장실 전등 스위치가 없다는 것이다. 화장실 안으로 들어간 후에야 비로소 설계사의 독창적인 아이디어가 반영되었다는 것을 알게 된다. 바로 둥근기둥 내부 꼭대기에 원반 같은 희미한 불빛 몇 개가 내부의 거울을 통해 반사되어 조명의 역할을 대신하고 있는 것이다. 마치 밤하늘에 별이 총총 떠 있는 것 같아 매우 아름답다.

건물 자체가 하나의 예술작품으로 그라츠의 자랑거리가 되었다. 색다른 체험을 하고 싶다면 이곳을 꼭 방문하자.

알트슈타트 (구시가)
Altstad

🔹 P132B3

그라츠의 구시가는 주로 슈포르가세(Sporgasse)와 헤렌가세(Herrengasse), 그리고 호프가세(Hofgasse) 사이의 오래된 건축물들이 모여 있는 곳을 일컫는다. 이 건축물들은 역사가 아주 오래되었으며, 과거 그라츠가 오래 세월 번영을 누렸나는 것을 잘 보여주는 증거이기도 하다.

슈포르가세는 그라츠에서 가장 로맨틱한 거리이다. 헤렌가세를 돌아 비탈길을 따라 올라가면 도로 양측으로는 구시가의 건축물들이 즐비하게 늘어서있다. 28번지와 38번지처럼 외관이 화려한 꽃무늬로 장식되어 있는 집들도 있다. 아치문 뒤로 돌아 들어가면 마치 다른 세상에 온 것 같은 정원이 있는 집들도 있다. 특히 22번지의 그윽하고 아름다운 정원은 무르 강의 돌을 쌓아 만든 것이라고 한다.

쿤스트하우스 그라츠
Kunsthaus Graz

🔹P132A3
🏠Lendkai 1
🕐(화~일)10:00~18:00
　(목)10:00~20:00
☎43-316-8017-9200
📠43-316-8017-9212
💲6유로
🌐www.kunsthausgraz.at
@info@kunsthausgraz.at

　2003년, 유럽의 문화도시로 선정된 그라츠는 극장을 비롯해 오페라하우스와 미술관 등에서 전시 및 공연활동을 적극적으로 펼치고 있으며, 6개의 예술적인 건축물을 세워, 문화도시의 면모를 보여주고 있다. 그중 쿤스트하우스 그라츠는 2003년 9월 중순에 개관하였다. 무르 강의 섬과 더불어 많은 주목을 받고 있으며, 예술적인 아름다움과 대중적인 공간이 조화를 이루는 대표작이라 할 수 있는 곳이다. 그라츠의 슐로스베르크 산에서 쿤스트하우스를 바라보면 선명한 남색 외관이 구시가의 붉은 지붕들 속에서 더욱 두드러져 보인다.

　영국의 건축가 피터 쿡(Peter Cook)과 콜린 파우니어(Colin Fournier)가 공동 설계한 건축물이다. 높이 16m, 길이 60m에 이르는 이 현대적인 미술관은 현지인들에게 「친근한 외계인」이라는 애칭으로 불리고 있다. 그도 그럴 것이 남색의 외관이 우주괴물처

란트하우스(주청사)
Landhaus

🔹P132B3

　그라츠 관광정보센터 옆의 길을 걷다보면 이탈리아 르네상스 양식의 건축물을 만난다. 1557년~1565년에 군사건축가 도메니코 델 아리오(Domenico dell Allio)에 의해 지어진 것으로 「오스트리아의 가장 우아한 르네상스 건축」이라고도 불린다. 벽면은 황금색으로 밝게 빛나고 반원형의 아치형 창문에는 꽃이 가득 걸려 있으며, 복도에는 햇볕이 가득 내리쬔다.

　정원 서북쪽에는 예배당이 있으며 광장 중간에는 오래된 우물이 있다. 청동으로 제작한 난간 위에는 정교하고 아름다운 조각이 장식되어 있다.

　여름에는 노천음악회와 오페라 공연이 열리기도 한다.

럼 비틀려있고 외계인의 촉수같은 것이 밖으로 돌출되어 있기 때문이다. 미래적인 디자인의 이 건축물은 남색 플라스틱 유리를 하나하나 이어 맞춘 것이다. 이 미술관에서는 다양한 현대예술작품들을 전시하고 있으며 관내에는 카페도 있어 커피를 마시며 지친 다리를 쉬어갈 수 있다. 이와 함께 예술성이 다양한 기념품도 판매하고 있으며, 현대예술관련 서적들도 갖추어놓고 있다.

글로켄슈필 광장
Glockenspielplatz

▲ P132B3

글로켄슈필 광장 안에는 사랑스러운 시계탑이 하나 있다. 시계탑의 정면에는 황금색의 벽화가 그려져 있고 매일 오전 11시와 오후 3시, 그리고 6시 정각이 되면 시계(1903년~1905년에 제작)의 문이 자동으로 열리면서 전통의상을 입은 남녀 한 쌍이 리듬에 맞춰 춤을 춘다.

글로켄슈필 광장은 그 주위로 작은 술집들과 레스토랑이 많이 몰려있어 그라츠의 대표적인 사교장소가 되었다. 시계탑 아래에

있는 맥줏집에는 매일 밤, 맛있는 전통요리에 시원한 맥주를 먹으려는 사람들로 장사진을 이룬다.

무기고
Zeughaus

- P132B3
- Herrengasse 16
- 4월~10월:
  (월~일)10:00~18:00
  (목)10:00~20:00
  11월~3월:
  (월~토)10:00~15:00
  (일)10:00~16:00
- 43-316-8017-9716
- 6유로
- www.museum-joan-neum.at
- vermittlung@museum-joanneum.at

1624년~1644년에 건축된 무기고는 원래 터키의 침략에 대한 방어의 목적으로 지어진 대형 군사창고이다. 18세기 터키의 위협이 사라진 후에는 무기 보관 장소가 되었다. 이 무기고는 세계에서 규모가 가장 크고, 보존상태도 가장 양호하다. 내부에는 3만점이 넘는 중세의 무기가 소장되어 있다. 갑옷과 투구, 총포, 길다란 창에서부터 군마용 갑옷까지 모든 무기류는 다 모여 있다. 무기고 안에 소장되어 있는 것들 중에는 여성을 위해 디자인된 갑옷도 있다. 겉모양은 중세 부인들의 옷과 비슷하다. 한껏 부풀어 오른 치마부분에는 섬세한 꽃무늬가 가득 장식되어 있다.

슐로스베르크 산
Schlossbergbahn

- P132B1
- 케이블카:
  (5월~9월)9:00~23:00
  (10월~4월)10:00~22:00
  *15분마다 1회 운행
- 케이블카 왕복 1.7유로

그라츠 시가지의 전경을 보고 싶다면, 473m 높이의 슐로스베르크 산에 올라가면 된다. 산 위로 올라가는 방법은 3가지가 있다. 첫 번째는 슐로스베르크 산 광장에서 케이블카를 타고 올라가면서 길을 따라 경치를 감상하는 것이다. 두 번째 방법은 슐로스베르크 산 광장에서 투명 엘리베이터를 타고 2차 세계대전 때의 터널을 통해 올라가는 것이다. 30초면 산 정상에 도착한다. 마지막 방법은 260개의 계단을 걸어 올라가는 것이다.

그라츠라는 이름은 독일어로 "작은 요새"라는 뜻의 「Gradec」

루에그 하우스
Luegghaus

- P132B3

슈포르가세와 헤렌가세가 만나는 지점의 모퉁이에 위치한 루에그 하우스는 그라츠에서 가장 오래된 약방이다. 바로크양식의 외벽이 아름다운 이 건축물은 1535년에 건축되었으며, 17세기, 보수공사를 거쳐 지금의 모습을 갖추었다. "주목받는 거리"라는 뜻의 루에그 하우스는 그 이름에 걸맞게 많은 관광객들이 찾아오는 곳이다. 보존이 잘 된 아치형 복도와 경사진 지붕, 석회로 만든 벽의 장식도안이 특징인 이 건물은 화려하고 정교한 17세기의 아름다운 작품이다.

에서 유래되었다고 한다. 10세기 중반에 슐로스베르크 산 위에 지어진 이 건축은 원래 봉건시대의 작은 도시였는데, 1544년~1589년에 요새가 되었다. 프랑스군대의 습격과 나폴레옹의 공격을 받아 파손되어, 기존의 요새에는 현재 겨우 시계탑과 종루만 덩그러니 남아있어 아쉬움을 더하고 있다. 나무로 만들어진 시계탑은 그라츠 시내에서 가장 눈에 띄는 건축물로, 시내 어느 곳에서든지 볼 수 있다. 이 시계탑의 가장 큰 특징은 시침이 길고 분침이 짧다는 점이다. 이는 처음 시계를 설계할 때 시침만 만들었다가 분침은 나중에 만들어 넣었기 때문이라고 한다. 시계탑 옆에는 시계탑과 똑같이 생긴 검은색의 그림자탑이 있다. 2001년 그라츠가 유럽문화의 중심으로 거듭난 후 지어진 많은 창의적인 건축물 중 하나로, 그라츠를 방문하는 사람들에게 흥미로움을 더해주고 있는 대표적인 건축물이다.

마우솔레움
Mausoleum

- P133C2
- Burggasse 3
- 10:30~12:00
  13:30~15:00
- 43-316-821-683
- 4.5유로

대성당과 가까운 곳에 있는 이 사원은 프레데릭 2세 (Frederick II) 시기에 건축되었다. 후기 바로크양식의 건축형식을 통해 로마건축양식을 표현하였으며, 「그라츠의 왕관」이라고 불리기도 한다. 1614년 당시 프레데릭 2세는 그가 가장 총애하는 궁정건축가 지오반니(Giovanni Pietro de Pomis, 1569~1633)에게 자신의 왕릉을 설계하라고 명령하였다. 그러나 이 건축가는 왕릉이 미처 완성되기도 전에 사망하여, 1633년 또 다른 이탈리아 건축가 베드로 발레그로(Pietro Valnegro)가 이어받아 1636년 완공하였다. 내부의 장식은 1687년에 이르러서야 완성되었다.

문을 들어서자마자 보이는 벽화와 제단은 바로크양식의 대가인 에를라흐의 작품으로, 정교한 조각과 벽화가 화려하고 근엄한 분위기를 연출한다. 입구 위쪽에 그려진 벽화는 1683년 터키 군에 대항하는 역사적 사건을 묘사한 것이다. 맞

계단탑
Treppenturm

- P133C2

이 왕궁은 프레데릭 3세 (Frederick III)가 신성로마제국의 황제가 된 후인 1437년~1453년 사이에 건축된 것이다. 벽면에는 프레데릭 3세가 새긴 「AEIOU」라는 글씨가 남아있다. 현재 가장 믿을만한 해독은 「Austria cest imperareorbi ultimo」의 문장 첫 번째 글자의 자모에서 얻어진 것으로, "전 세

은편 제단 오른쪽의 돔 형태 방 안에는 프레데릭 2세 모친의 묘가 안치되어 있다. 목재를 사용하여 분홍대리석 원기둥처럼 만들었는데, 진짜인지 가짜인지 구분할 수 없을 정도로 무늬나 질감이 진짜 대리석 같다. 왕릉 안에는 프레데릭 2세와 그의 첫째부인의 대리석 묘가 안치되어 있고, 프레데릭 2세와 왕족들의 심장을 보관하는 자그마한 장도 함께 볼 수 있다.

벽화의 집
Gemaltes Haus

➤ P132B3

헤렌가세는 그라츠 구시가에서 가장 번화한 거리이다. 도로 옆으로 난 골목 곳곳을 누비면서 천천히 상점들을 구경해보자. 헤렌가세 3번지에 위치한 벽화의 집은 이 거리에서 가장 눈에 띄는 건축물이자 그라츠에서 유일하게 벽화가 그려져 있는 집이기도 하다. 번화한 거리와 마주보고 있는 모든 벽면에는 그림이 가득 그려져 있다. 가장 오래된 벽화는 1742년에 그려진 것이며 후에 마우솔레움을 건축한 도메니코 델 아리오(Domenico dell Allio)가 창의적인 벽화로 장식하여 기존의 벽화를 대신하고 있다.

계는 오스트리아에 복종한다."라는 뜻이다. 수차례의 전란을 겪은 왕궁에는 현재 1499년 프레데릭 3세의 아들 막시밀리안 1세(Maximilian Ⅰ)에 의해 건축된 고딕양식의 나선형 계단만 남아 있다. 서로 엇갈린 나선형으로 되어있어 어느 쪽으로 올라가든 탑 꼭대기에 올라갈 수 있다.

남 슈타이어마르크 와인 로드
South Steiermark Wine Route

- P143
- 43-316-8075-0
- 성인 24유로, 어린이 9유로
- info@graztourismus.at
- 와인 마을로 가는 길은 교통이 불편한 편이다. 자가용을 이용하지 않는다면 그라츠 여행정보센터에서 제공하는 투어 코스를 이용할 수 있다. 단 반드시 사전예약을 해야 한다. 금요일 오후 2시에 출발하여 저녁 7시에 시내로 돌아온다. 비용에는 버스, 가이드 투어, 와인시음, 전통음식-편육무침(Brettljaus)값이 포함된다.

슈타이어마르크는 오스트리아에서 해발이 가장 높은 곳에 있는 와인술집으로 유명하다. 이 지역에는 모두 8코스의 와인 여행 코스가 있는데, 그중 가장 유명한 2개의 코스가 「남 슈타이어마르크 와인로드(South Steiermark Wine Route)」와 「쉴허와인로드(Schilcher)」이다.

그라츠의 남부에 위치한 슈타이어마르크 와인 마을은 아름다운 언덕에 호두나무들이 가득하고, 푸르른 포도넝쿨이 풍성하게 자라고 있어 「오스트리아의 투스카니」라고 불린다. 비옥한 토지와 건조하고 차가운 기후는 달콤한 고급 화이트와인을 생산하는데 최상의 조건이 되고 있으며, 시골 내음이 물씬 풍기는 와인술집인 부쇤샹크(Busch-enschank)들이 빽빽이 늘어서 있어 휴일이 되면 사람들은 평화로운 전원을 거닐기도 하고, 와인술집에서 직접 빚은 신선한 와인과 맛있는 음식을 맛보기도 한다.

A
B
Gratkorn
72
Stift Tein
Cistercian
monaste
Graz-Nord
65
Gleisdorf
A9
1
Piberstein
Graz 그라츠
반방향
1
Pilber
Köflach
Bärnbach
A2
Plabutsch-
Fürstenstand
Raaba
성바바라성당
70
G.-Webling
Voitsberg
70
A2
Schwarzl
Copacabana
67
76
73
2
A9
Stainz
Wildon
2
Leibnitz
Dutschlandsberg
Leibnitz 라이프니츠
Fresing
Wagna
Schwanberg
74
Heimsohuh
67
Vogau Straß
Gleinstätten
76
Gamlitz
Ehrenhausen
남 슈타이어마르크 와인로드
69
3
Arnfels
69
Mureck
3
69
Eibiswald
Leutschach
76
Schloßberg
N
슬로바키아
남 슈타이어마르크 와인로드
A
B

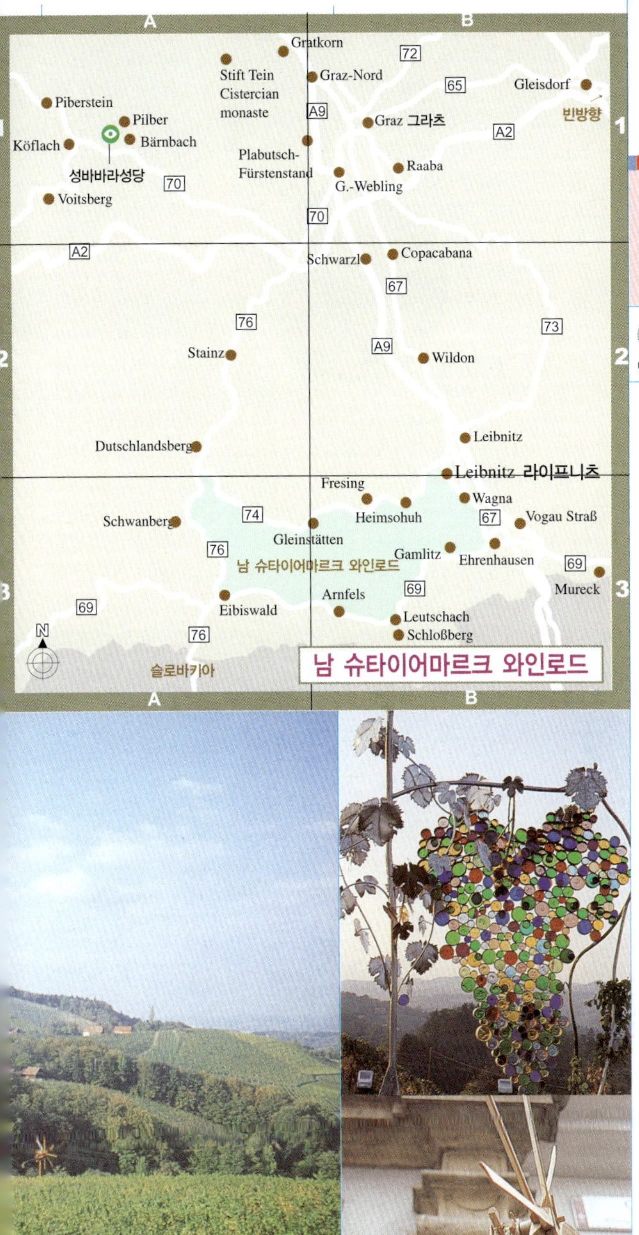

명소

성 바바라 성당
St. Barbara Kirche

P143A1

1.그라츠 중앙기차역에서 Barnbach 마을 행 GKB 민영기차 이용(약 50분 소요), 마을 역에서 하차, 북쪽으로 자전거도로를 따라 도보 (오른쪽으로 진입) 철로 위의 다리를 건넌 후 다시 20분 정도 도보, Piberstrasse 도착, 다시 3분정도 도보우측으로 바바라 성당 도착

2.그라츠 관광정보센터 제공 투어 이용: 토요일마다 출발(스페인 승마학교 슈타이어마르크 서부의 와인 마을 성 바바라 성당)

성인 24유로, 어린이 9유로

낮에는 내부 관람을 할 수 있으나, 예배나 결혼식이 있을 때는 관람할 수 없다.

그라츠 근교에서 약 1시간 정도 거리에 있는 작은 마을인 바른바흐(Barnbach)에 전 세계에서 가장 귀여운 성당인 성 바바라 성당이 있다. 오스트리아 예술악동인 훈데르트바서의 독창성이 느껴지는 작품 중의 하나이다. 건축물의 안팎, 어디에서도 일반적인 성당의 근엄한 모습을 찾아볼 수 없다. 훈데르트바서는 화려한 색의 크고 작은 원주를 세우고, 불규칙하면서 구부러진 붉은 지붕을 얹었다.

훈데르트바서는 성당은 아름다
워야 할 뿐만 아니라 사람들이
성당에 가는 것을 좋아해야 한다
고 생각해서 성 바바라 성당을
하나님도 좋아할 만한 성당으로
만들었다고 한다. 성당의 모든
것, 심지어 십자가까지 녹색, 황
색, 백색의 타일을 이어 붙여 과
감하게 표현하였다. 벽화도 훈데
르트바서의 작품이다. 천진하고
유아적인 기법으로 성경이야기를
표현하고 있으며, 색깔 있는 타일
을 이어 붙여 만든 창문은 밖에
서 보면 활짝 핀 꽃처럼 보인다.
성당 안으로 들어가면 창문의 또
다른 면을 보고 감탄하지 않을
수 없다. 스테인드글라스를 통해
들어오는 빛이 십자가를 비추면
하나님을 믿고 싶은 충동이 생길
정도이다.

쇼핑

하우프트 광장
Hauptplatz

P14A3

란트하우스 맞은편에 있는 하우프트 광장은 그라츠의 번화가이다. 트램과 버스터미널이 있고, 노점에서는 김이 모락모락 나는 핫도그와 싱싱한 과일을 판다. 그리고 현지의 기념품을 파는 상점도 있다. 이곳은 그라츠의 구시가를 천천히 구경하기에는 더없이 좋은 곳이다. 남쪽으로는 가장 번화한 헤렌가세(Herrengasse)가 있고, 북쪽으로는 이탈리아의 정서가 물씬 풍기는 사커트

라세(Sacktrasse) 동쪽으로는 상점들이 빼곡히 늘어서 있는 슈포르가세(Sporgasse)가 있다. 대부분의 상점들이 규모는 작지만 독특한 분위기를 가지고 있다.

광장의 정중앙에는 요한대공의 분수가 있다. 이 분수는 요한대공(Archduke Johann, 1782~1859)의 그라츠에 대한 헌신과 노고를 기념하기 위해 만든 것이다. 이탈리아 피렌체에서 태어난 그는 우편집배원의 딸과 결혼을 하였고, 그라츠 역사 이래 가장 추앙받는 군왕이 되었다. 현대 농업건설에 힘썼을 뿐 아니라 1844년에는 철로를 건설하였다. 이 밖에 슈타이어마르크의 철광을 채굴하여 그라츠의 경제와 문화발전에 지대한 공헌을 하였다. 요한대공 분수의 주위를 둘러싸고 있는 4명의 여인조각상들은 그의 통치시절, 슈타이어마르크를 거쳐 흐르는 4개의 주요 강인 무르 강(Mur), 엔스 강(Enns), 드라우 강(Drau), 산 강(Sann)을 상징하는 것이다.

란트하우스켈러 레스토랑
Landhauskeller

- P132B3
- Schmiedgasse 9
- (월~토)11:00~24:00
- 43-316-830-276
- 헝가리 소고기 수육(Tafelspitz)
  18유로부터
- www.landhaus-keller.at

란트하우스 광장 옆에 위치한 이 레스토랑은 그라츠 사람들에게 가장 인기 있는 연회장소 중 하나로, 슈타이어마르크 전통음식 전문점이다. 특히 이곳의 헝가리 소고기 수육은 푹 삶아 익힌 소고기에 사과와 겨자, 무를 갈아 얹은 후 초절임을 곁들인 요리로, 수육의 달콤한 맛과 겨자의 매콤한 맛이 어우러져 황제의 마음을 사로잡았다고 한다. 이곳의 후식은 매우 풍성하다. 큰 접시 중앙에 금귤과 키위, 그리고 오렌지 등의 과일이 놓여있고, 한쪽에는 초콜릿 조각을 얹은 초콜릿무스 케이크, 건포도와 슈가 파우더를 잔뜩 뿌린 케이크, 투명한 마멀레이드 같은 붉은색의 체리 케이크 한 조각, 호박씨를 얹은 크림무스 케이크가 장식되어 있다. 예술작품 같은 잼을 찍어먹으면 달콤하고 새콤한 맛이 한데 어우러져 환상적인 맛을 낸다.

Gasthaus Stainzerbauer(레스토랑)

- P133C3
- Burgergasse 4
- (월~일)11:00~24:00
- 43-316-821-106
- 43-316-815-875
- 메인요리 14.2유로부터, 후식 2.7유로부터

호박씨 오일로 요리하는 유명한 레스토랑이다. 얇게 썬 소고기를 반쯤 익혀 식힌 후 치즈 잼, 호박씨 조각을 놓고 호박씨 오일을 조금 뿌린 후 말아서 샐러드, 소스와 함께 접시에 담으면 견과류 특유의 맛이 풍기는 향토요리가 완성된다. 이밖에 양파와 화이트와인, 그리고 호박을 넣고 오랫동안 끓인 후 마지막에 호박씨 오일을 넣고 호박씨조각을 뿌린 호박스프는 전통적인 맛을 느낄 수 있다. 호박씨 향기가 입 안 가득 퍼지면서 행복한 느낌마저 든다.

Hofbäkerei(케이크점)
Hofbäkerei

- P132B2
- Hofgasse 6
- 43-316-8301-300
- 43-316-8302-3013
- 크래커(한 봉지100g) 2.9 유로부터

호프가세(Hofgasse) 6번지에 있는 이 케이크가게는 그라츠에서 오래도록 전통가업을 이어온 곳이다. 왕궁의 제과사 에데커 타커스(Edegger-Tax)가족이 1569년 영업을 시작한 후 발전하여 현재는 일반사람들 모두 고급스럽고 맛있는 황실 전용 케이크를 맛볼 수 있게 되었다. 얇고 바삭거리는 살구크래커는 입 안 가득 달콤한 향기가 맴돈다.

카이저 · 요제프광장 시장
Kaiser-Josef-Platz

- P133C3
- 12:00전
- 일요일

카이저 요제프광장(Kaiser-Josef-Platz)에 위치한 재래시장은 오스트리아 사람들의 일상생활을 가까이서 접할 수 있는 가장 좋은 곳이다. 깨끗하고 질서정연한 노천시장 안에서는 향긋한 냄새가 사람들을 유혹하고 있다. 빽빽이 늘어선 노점들은 익힌 음식을 파는 곳과 과일, 채소 등 여러 가지 부식품을 파는 곳으로 구분되어 질서정연하다. 시장 안

을 돌아다니다 보면 문득 야채와 과일을 몇 가지 사서 먹고 싶은 생각이 들게 될 것이다.

Hotel Erzherzog Johann

P132A3
Sackstrasse 3–5
43–316–811–616
108유로~340유로
www.erzherzog–johann.com

Romantik Park Hotel

P133C3
Leonhardstrasse 8
43–316–3630–0
90유로~272유로
www.romantik–parkhotel.at

Hotel Drei Raben

P132A3
Annenstrasse 43
43–316–712–686
61유로~143유로
www.dreiraben.at

Hotel Gollner

P133C4
Schlögelgasse 14
43–316–8225–21–0
98유로~230유로
www.hotelgollner.at

Hotel Zum Dom

P132B3
Bürgergasse 14
43–316–824–800
90유로~280유로
www.domhotel.co.at

Hotel Schlossberg

P132A2
Kaiser–Franz–Josef–Kai 30
43–316–8070–0
105유로~371유로
www.schlossberg–hotel.at

바트
블루마우
Bad Blumau

바트 블루마우

Bad Blumau

스트리아의 유명한 예술가 훈데르트바서의 창의적인 생각을 가장 완벽하게 표현해 놓은 곳이 바로 로그너 바트 블루마우 온천 휴양호텔이다. 이곳은 훈데르트바서의 창의적인 작품을 감상할 수 있을 뿐만 아니라 휴식도 취할 수 있고, 마음껏 여유를 즐길 수 있다. 로그너 바트 블루마우 온천 호텔은 멀리서보면 마치 아름다운 성 같아서 어른아이 할 것 없이 모두 이 지상낙원에 깊이 빠져든다. 오스트리아에서 가장 인기 있는 온천명소인 이곳은 최상의 서비스를 제공함으로써 1998년, 독일의 자유여행협회가 주는 VDRJ 상을 받기도 하였다.

◎ 로그너 바트 블루마우 온천 휴양호텔

🏠 Bad-Blumau 100

🕐 체크인 16:00, 체크아웃 11:00

☎ 43-3383-5100-0

📠 43-3383-5100-808

💲 2인실 120~142유로, 가족객실 150~300유로, 펜션 150~180 유로, 숙박료에 뷔페식 아침 식사와 수영장 이용료 포함, 사우나, SPA, 미용실, 피트니스클럽 비용은 따로 계산함. 이외에 종합이용권 소지 시 할인 혜택이 있다.

🌐 www.blumau.com

@ spa.blumau@rogner.com

🔗 빈에서 블루마우까지 거리는 130km이며, 약 1시간 50분이 소요된다. 그라츠에서 블루마우까지 거리는 60km이며 약 40분 정도 소요된다. 기차를 타고 블루마우 역에 도착하면 호텔에서 픽업을 나온다. 호텔에서 5일 넘게 투숙한다면 그라츠 공항 또는 기차역까지 무료로 배웅을 한다.

🌟 호텔근방에 있는 부르크호텔, 호박씨 오일 가게, 호이리게 같은 명소들을 둘러보고 싶으면 호텔에서 일정을 세워주기도 한다.

명소

로그너 바트 블루마우 호텔 & 스파
Rogner-bad Blumau Hotel & Spa

P154

로그너 바트 블루마우 스파호텔에는 총 3군데의 온천이 있으며, 모두 섭씨 36도의 수질이 좋은 온천수이다. 0.4km²에 이르는 넓은 면적에 온천유원지를 중심으로 화려한 호텔들이 밀집되어 있어 어떻게 보면 성 같기도 하고 어떻게 보면 유원지 같기도 하다. 호텔 내부 공간은 객실, 레스토랑, SPA, 사우나, 미용실, 수영장, 피트니스클럽, 회의실 등으로 나누어져 있다. 안에서 밖까지 온통 훈데르트바서의 흔적을 느낄 수 있으며, 심지어 여러 곳을 연결하고 있는 긴 복도에서까지도 훈데르트바서의 창의적인 예술혼이 느껴진다. 지면에는 나무판이 울퉁불퉁하게 깔려있고, 벽면에는 색깔 있는 돌들을 박아놓은 금빛 나무가 있어 마치 동화의 나라에 온 듯한 기분이 든다. 「영혼과 자연의 조화」라는 훈데르트바서의 생각을 반영하여 호텔 안에서는 자동차를 찾아볼 수가 없다. 일부 객실은 동굴 형태로 만들어져 있으며, 지붕 위에는 잔디를 잔뜩 심어, 사람들이 잔디 위를 산책하면서 자연의 혜택을 누리도록 하고 있다. 게다가 객실 내부는 쾌적하고 따뜻한 침대와 유리를 통해 햇볕이 들어오는 욕실, 그리고 빨강, 파랑, 검정색의

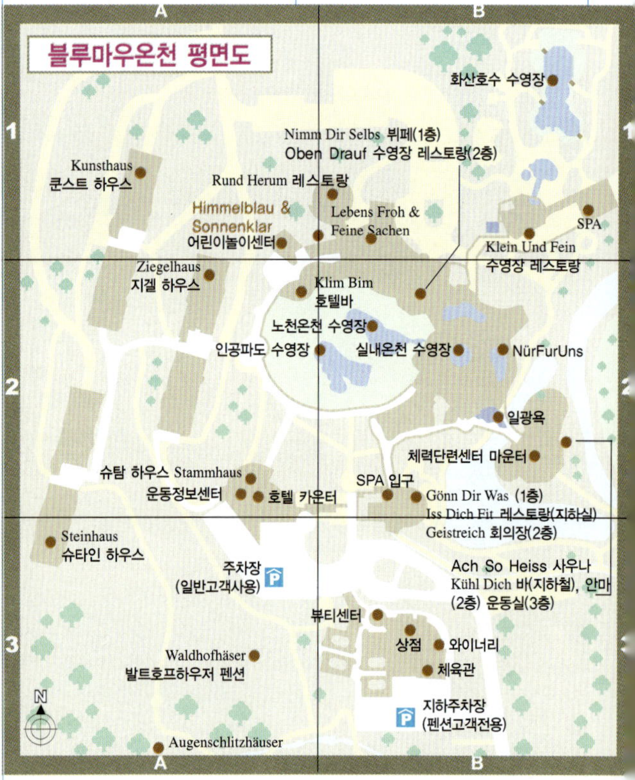

타일을 이어 붙여 만든 벽 등 다양한 디자인과 볼거리로 가득하다.

화려한 객실

로그너 바트 블루마우 온천호텔 내부의 모든 객실은 제각기 다른 모양으로 디자인 되었다. 다양한 색상을 사용하여 디자인한 개성적이고 창의적인 객실들은 누가 봐도 즐겁고 상쾌한 기분이 들게 하며, 원만한 곡선으로 이루어진 공간은 이곳을 찾는 손님들을 순수한 동심의 세계로 초대한다. 호텔의 큰 홀인 슈탐하우스(Stammhaus)는 금빛 양파 모양의 지붕이 있는 귀여운 분홍색의 성처럼 꾸며져 있으며 모두 47개의 객실을 보유하고 있다. 객실마다 창문크기와 색깔이 모두 다르며, 어느 객실에 있든 아름다운 풍경을 볼 수가 있다. 로비 1층에는 여행사와 렌터카 서비스라운지가 있어 여행객에게 필요한 서비스를 제공하며, 주변의 명소들을 둘러볼 수 있는 여행일정을 대신 세워주기도 한다.

발트호프하우저 펜션 Waldhofhäuser

P154A3

이 호텔의 푸른 초원을 천천히 걷다보면 바닥에 굴 몇 개가 파여 있는 것을 발견하게 될 것이다. 굴 입구는 철망으로 둘러쳐있으며, 위에서 아래로 봐야지만 이곳이 객실이라는 것을 알게 된다.

이 땅굴 같은 펜션은 지하 1층에 자리 잡고 있다. 펜션 내부에는 두 가구가 공동 사용하게끔 되어있는 노천정원이 조성되어 있으며, 동굴 입구 주위로 둘러싸인 방은 온 가족이 함께 즐거운 휴가를 보내기에 가장 좋은 장소이다.

복 도

로그너 바트 블루마우 내부를 연결하는 복도는 이 호텔에서 가장 많이 이용되고 있다. 어느 건물을 가든지 반드시 복도를 거쳐야 도착할 수 있기 때문이다. 이러한 공간이 훈데르트바서의 독창적인 솜씨로 즐겁고 유쾌하게 꾸며졌다. 바닥은 손님들의 편리한 보행을 고려하여 다양한 색과 재질의 물방울 모양으로 꾸며져 있다. 벽 가까이에 있는 부분은 평평하지 않고 울퉁불퉁하다. 구불구불한 복도는 모퉁이를 돌면 마치 이상한 세계로 이끌려 갈 것만 같은 기분이 들게 한다. 게다가 복도 한쪽은 다양한 모양과 색깔의 창문이 있고, 다른 쪽의 벽면은 그림을 걸어 놓았거나 크고 작은 나무들을 심어놓았다. 이 나무들은 일반적으로 볼 수 있는 것과 달리 금빛으로 색칠한 나뭇가지와 줄기이다. 모양이 같은 나무는 단 한 개도 없으며, 저마다 독특한 개성을 마음껏 뽐내고 있다.

핀데디히 FindeDich

P154B2

SPA센터의 모든 공간은 선명하고 아름다운 색채의 벽면, 불상 조각, 인도의 사리 등 이국적인 풍경으로 가득 차 있다. 공기 중에는 인도 향료 냄새가 가득하고 부드러운 음악이 흘러나오고 있어 자신도 모르게 편안해지는 것을 느낀다. 핀데디히는 유럽 SPA의 대표적인 상품 중의 하나이다. 서양의 전통적인 치료과정과 동양의 정신요법을 함께 활용함으로써 몸과 마음이 최대한 편안해지도록 만드는 것이 특징이다.

그중 인도의 고대 의학 장수법인 아유르베다(Ayurvede)의 치료과정에서 강조하는 안마 치료는 약초, 향료, 식물 등 다양한 재료를 혼합 사용하여 몸과 마음의 균형을 찾도록 해준다. 이 모든 과정들은 전문적인 과정을 마친 10명의 전문치료사들이 진행한다. 이외에도 2명의 음악치료사가 체질에 따른 음악 치료와 향기요법을 병행한다.

이곳의 치료요법중의 하나인「Lomi Lomi Nui」는 에센셜 오일을 바른 후 음악을 틀고 치료를 하는 것이다. 먼저 침대에 에센셜 오일을 조금 바른 후 손님의 몸에도 듬뿍 바른 다음 하와이의 복을 기원하는 춤을 추면서 손가락과 팔꿈치의 힘을 이용하여 전신을 안마한다.

온천과 수영장

P154B2

　훈데르트바서에게 물은 가장 중요한 존재이다. 그는 그의 이름을 백수(百水, 깨끗한 물이라는 뜻)라고 바꿨을 정도로 물을 아끼고 사랑했다. 때문에 물은 그의 작품 속에서도 빈번히 등장하는 소재이다. 그는 자주 배를 타고 항해를 하였다. 그의 인생에서 물은 피난처 같은 역할을 하며 안정감을 가져다주는 존재인 것이다. 때문에 경관을 위해 만든 분수는 물론 어디서나 볼 수 있는 수영장까지, 물은 로그너 바트 블루마우에서 가장 중요하고 없어서는 안 될 요소이다. 이곳의 정중앙에는 온천수영장이 있다. 주위에는 화려한 성(호텔들)과 파릇파릇한 초원이 마치 이곳을 보호하려는 듯이 겹겹이 둘러싸고 있다. 손님들은 한겨울에 동틀 무렵, 하얀 안개가 모락모락 피어오르는 수영장을 가장 좋아한다. 파란 하늘, 푸르른 땅과 함께 어우러져 대자연의 숨결을 느낄 수 있는 곳이다. 호텔 안에는 크고 작은 수영장이 7개가 있다. 어떤 것은 야외에 있고, 어떤 것은 실내에 있다. 그중에는 실내외가 이어져 있는 곳도 있어 수영하는 사람들은 자유롭게 양쪽을 오고 간다. 또 인공화산 옆으로 화산호 수영장이 있다. 특별한 날이 되면 인공화산에서 폭죽을 터트려 손님들을 즐겁게 해준다. 수영장의 설계에서도 훈데르트바서의 특징이 잘 나타나 있다. 화려한 색채의 크고 작은 원주들은 구불구불한 수로 속에서 사람들의 몸과 마음을 상쾌하게 만든다. 선명한 색깔의 쓰레기통은 훈데르트바서가 환경보호를 중요하게 생각한다는 것을 알 수 있게 한다.

IssDichFit 레스토랑

P154B2

우아하고 단아한 실내인테리어가 돋보이는 이 레스토랑은 호텔 손님들에게 건강을 위한 식사를 제공하고 있다. 근처의 농장에서 생산하는 자연 유기농 식품을 사용한 고급스럽고 맛있는 요리는 식욕을 돋우면서 건강에도 좋아 많은 사람들이 좋아한다. 샐러드는 각종 신선한 야채와 과일에 살짝 구운 닭고기를 얹고 마지막에 호박씨 오일과 호박씨를 뿌린 것으로, 맛이 담백하고 개운하다. 또한 저칼로리 음식이어서 살 찔 염려도 없다. 식후에 나오는 후식은 아주 풍성하다. 거의 대부분이 자연식품을 이용하였기 때문에 달콤하지만 느끼하지 않아 손님들에게 인기가 아주 좋다.

Wunderschon(뷰티케어센터)

P154B3

얼굴 트리트먼트 76~132유로, 전신 트리트먼트 33~82유로

기념품점 옆에 위치해 있다. 이 뷰티케어센터의 동굴 같은 작은방은 완벽한 개인공간을 제공한다. 향기로운 오일향이 방 안 가득 퍼져있고, 안마사의 부드럽고 편안한 안마를 받으면서 깊은 잠 속으로 빠져 들어가게 된다. 한숨 푹 자고 일어나면 마치 새로 태어난 것 같은 느낌을 받는다. 치료과정은 몸 관리와 피부관리를 중심으로, 각질관리, 피부 탄력 강화 등 다양한 프로그램이 있다.

LLOA 체력단련 프로그램

 P154B2

　자연과의 조화를 유지하기 위해 호텔에는 45홀 규모의 골프장, 테니스장, 승마장, 자전거도로와 산책로 등의 시설과 요가, 무에타이, 체조를 위한 운동시설이 마련되어 있다. 그중에 가장 특별한 프로그램은 LLOA(Long Life Optimal Activity)의 체력 단련 과정이다. 팀을 이루어 진행하는 과정에서 전속 트레이너는 개인의 특성에 맞게 훈련을 지도한다. 가벼운 스트레칭부터 시작하여 전신운동까지, 건강을 유지하는데 최상의 효과를 볼 수 있는 프로그램이다.

오스트리아 여행정보

Information

국가정보

- 위치 : 유럽 중부
- 수도 : 빈 (Wien)
- 기후 : 대륙성, 해양성점이기후
- 언어 : 독일어
- 종교 : 천주교 85%, 개신교 7%
- 면적 : 8만 3871㎢
- 시차 : 우리나라와의 시차는 유럽 다른 나라와 마찬가지로 8시간이 늦다. 서머타임 실시 기간에는 1시간이 늦은 7시간이다.
- 환율
  1 Euro(유로) = 1828.28 원
  (2008.10.08. 매매기준)
- 전압 : 220V, 50Hz 둥근형 2핀 방식이다.

오스트리아 공휴일

- 1월 1일: 설날(Neu Jahr)
- 1월 6일: 예수공현축일(Heilige drei Koenige)
- 3~4월(매년 날짜가 바뀜): 부활절(Ostern), 부활절의 월요일(Osternmontag)
- 5월 1일: 노동절(Tag der Arbeit)
- 5~6월(매년 날짜가 바뀜):

빈 예술 주간(Wienerfestwochen)
그리스도 승천일(Christi Himmelfahrt)
성령강림절의 일요일(Pfinstsonntag)
성령강림절의 월요일(Pfinstmontag)
그리스도 성체절(Fronleichnam)

- 8월 15일: 성모승천일(Mariae Himmelfahrt)
- 10월 26일: 건국기념일(National feiertag)
- 11월 1일: 모든 성인의 날 (Allerheiligen)
- 12월 8일: 성모수태일(Mariae Emfaengnis)
- 12월 25일: 크리스마스 (Weihnachtstag)
- 12월 26일: 성 슈테판의 날 (Stehphanstag)

여권발급요령

출국을 하려면 누구나 여권을 발급받아야 한다. 여권에는 1년의 유효기간 동안 1회의 해외여행이 가

능한 단수여권과 10년의 유효기간 동안 횟수에 제한 없이 해외여행을 할 수 있는 복수여권이 있다. 특별한 사유가 없는 여행자는 해외여행을 할 때마다 여권을 발급받을 필요 없이 복수여권을 발급받는 것이 경제적이다.

2005년 9월 30일 이전에 발행된 구여권은 유효기간 동안 사용이 가능하다. 신여권 제도로 바뀌면서 기존의 유효기간 연장 제도가 폐지되었으므로 연장 가능한 구여권에 대해 신여권 발급 신청서를 작성하면 5년 유효기간의 신여권을 발급받을 수 있다.

여권 발급 구비서류

- 여권 발급 신청서
- 최근 3개월 이내에 찍은 여권사진(3.5cm X 4.5cm)
- 주민등록등본 1부
- 주민등록증 또는 운전면허증
- 대리신청의 경우 본인의 위임장과 주민등록증 및 그 사본과 대리인의 주민등록증이 필요하다.
- 만 18세 미만의 경우 부모의 여권발급동의서 및 동의인의 인감증명서가 필요하다.

여권 발급비용

- 복수여권 – 55,000원
- 단수여권 – 20,000원
- 구여권 ⇨ 신여권(5년) – 15,000원

여권 발급기관

- 서울 : 종로구청, 노원구청, 서초구청, 영등포구청, 동대문구청, 강남구청, 송파구청
- 지방 : 각 시청과 도청의 여권과

비자

우리나라는 비자 면제 협정에 따

라 90일 이내의 체재 시에는 비자가 발급받을 필요는 없다. 장기 체류 시 반드시 오스트리아 외의 국가에서 비자를 얻어야 하며 체류기간을 연장하려면 적어도 비자 만기 4주일 전에 연장신청을 해야 한다.

면세 범위

담배 200개비
시가 50개
파이프 담배 200g
와인 또는 22% 이하의 알코올 2
알코올 22% 이상 1
향수 50g(1.5oz)
기타 선물 75유로 이하

통화

지폐는 5, 10, 20, 50, 100, 200, 500유로가 있고, 주화는 1, 2, 5, 10, 20, 50센트와 1, 2 유로, 총 8종이다. 주화의 뒷면에는 오스트리아를 대표하는 인물이나 건물 등이 새겨져 있는데, 1유로에는 볼프강 아마데우스 모차르트, 2센트에는 에델바이스가 새겨져 있다.

환전

환전은 상점이나 호텔에서도 가능하지만 은행에서 하는 것이 가장 좋다. 공항이나 기차역에서도 환전을 할 수 있는데 역에 있는 환전소의 수수료가 가장 비싸다. 서부역의 우체국에서는 현금을 수수료 없이 환전해주며, 여행자 수표의 수

수료는 싸지만 환율은 다소 낮다는 것에 주의하자.

은행의 영업시간은 월~금요일 8:00~12:30, 13:30~15:00(목요일은 17:30까지)이며, 공항과 기차역의 환전소는 8:00~20:00(빈[Wein]은 22:00까지)이다.

공항정보

오스트리아에는 빈, 그라츠, 잘츠부르크, 인스부르크에 국제공항이 있다. 현재 한국에서 오스트리아로 직항하는 항공편은 운항되고 있지 않다. 대한항공과 오스트리아 항공, 에어프랑스 등을 이용해 프랑크푸르트, 파리 등의 유럽 주요 도시를 경유하여 갈 수 있다.

입국정보

여권만 확인하지만, 불법입국 방지를 위해 구 동구권 국가 등으로부터의 입국자에 한해서는 철저하게 입국심사를 한다. 여권을 분실하고 여행증명서를 소지한 여행자는 통과 비자를 취득하고 입국하는 것이 좋다.

기차로 입국할 경우에는 국경 역 부근에서 객차마다 입국 심사관이 들어온다. 이때도 여권만 제시하면 입국이 가능하다.

출국정보

출국하기 3일 전에 비행기 예약을 재확인하고, 출발 1시간 전까지 공항에 도착하여 탑승권을 받는다. 탑승 수속을 마친 후 여권과 탑승권을 제시하면 간단하게 출국심사를 통과할 수 있다.

전화

공중전화는 동전과 카드 전화기, 두 종류가 있으며, 그림으로 설명이 잘 되어 있어 이용하기 쉽다. 시내 통화의 경우 0.2유로를 넣고 번호를 누른다. 이때 다이얼 왼편 위의 단추를 눌러야만 소리가 상대에게 들리게 된다. 전화카드는 우체국과 거리 매점(Tabak), 여행자 센터에서 판매한다. 같은 지역 내에서 전화를 걸 때는 지역번호는 생략하고 전화번호만 누르면 된다.

우편

우체국의 업무시간은 월~금요일 8:00~12:00, 14:00~18:00, 토요일 8:00~11:000이다. 빈과 잘츠부르크 기차역에 있는 우체국은 24시간 문을 연다. 우표는 우체국 외에 거리 매점이나 호텔 프런트에서도 살 수 있으며, 음악가의 초상이나 아름다운 풍경이 담긴 기념우표가 많다. 한국까지 엽서용 항공 우편요금은 1.09유로이다.

–우편물 발송 방법

편지가 들어간 소포는 보통보다 두 배 정도 비싸기 때문에 편지는 따로 부쳐야 하며, 발송 시 우체국 직원에게 분명히 확인시켜 주어야 한다. 자주 있는 일은 아니지만 간혹 분실이 있을 때 등기를 신청한 사람만이 배상을 받을 수 있으므로 (최고 73유로까지 배상) 중요한 물건은 등기로 보내는 것이 안전하다.(2.5유로 정도 더 지불하면 됨)

팁

유럽의 다른 나라들과 마찬가지로 오스트리아에서도 팁에 신경을 써야 한다. 레스토랑이나 카페에서는 계산서에 10~15%의 서비스료가 포함되어 있지만 거스름돈을 받지 않거나 5%를 더 얹어주는 것이 관례이다. 또 택시에서는 요금의 15~20%의 팁을 주고, 큰 짐을 실어주었을 경우 짐 하나에 1.5유로를 추가한다. 호텔의 벨보이나 룸메이드에게는 1.5유로, 포터에게는 짐 하나에 1.5유로를 주면 된다.

그 밖의 필수 아이템

여행자보험

　여행자보험이란 여행을 끝마치고 귀국할 때까지 생긴 사고에 대한 보상을 해주는 일회성 보험이다. 보험신청은 보험회사 화재부와 여행사를 통해 할 수 있으며, 공항의 여행보험 판매계에서 출국 직전에도 쉽게 할 수 있다. 보상금에 따라 보험금의 차이가 있지만 보통 2만 원 가량의 보험금이 지출된다.

국제운전면허증

　해외여행을 위한 여권 소지자는 약간의 수수료와 간단한 절차를 통해 국제 운전면허증을 국내에서 발급받을 수 있으며, 해외에서 사용할 수 있다.

- 발급장소 : 거주지 관할 운전면허 시험장
- 구비서류 : 운전면허증, 여권, 여권사진 2매
- 유효기간 : 1년

국제학생증

　만약 학생인 경우에는 국제학생증

(International Student Identity Card)을 발급받아 떠나는 것이 좋다. 국제학생증을 제시하면 박물관, 미술관, 극장, 레스토랑 등에서 여러 가지 할인혜택을 받을 수 있다. 한국에서 국제학생증을 발급받지 못했다면 현지에서 발급받을 수 있다. 국제학생증은 대부분의 국가에서 취급하기 때문에 발급받는 장소만 알고 있다면 오히려 우리나라보다 간편하게 즉석에서 받을 수도 있다.

- 발급장소 : ISEC 국제학생증 한국 본사나 서울 종각역 근처 대부분 여행사에서 발급가능
- 구비서류 : 재학증명서, 신분증, 여권사진 1매
- 발급비용 : 14,000원
- 소요시간 : 접수 후 2일 이내 발송

신용카드

　해외여행을 갈 때에는 사용할 일이 없더라도 만약을 대비해 신용카드를 가져가는 것이 좋다. 신용카드는 휴대가 간편하고 분실했을 경우 즉시 신고하면 보상받을 수 있다는 장점 뿐만 아니라 카드 종류에 따라 마일리지나 포인트 적립을 받아서 상품이나 현금으로 사용하는 등 여러 가지 혜택을 받을 수 있기 때문이다.

여행자수표(t/c)

　여행자수표는 현금 대신 사용할 수 있고 한도가 있으므로 사용 예산을 조절할 수 있다. 현지 은행에서 현금으로 교환 가능하며 환율이 현금보다 유리하다는 장점이 있다. 또한 분실/도난시 재발급을 받을 수 있어 안정성을 보장받을 수 있다. 하지만 모든 곳에서 사용할 수 있는 것은 아니며 발행회사의 환전소가 아닐 경우 수수료를 물게 된다는 단점도 있다. 발행회사는 AMEX와 VISA 두 곳이 있고 국민

은행이나 외환은행에서 발급받을 수 있다. 여행자수표는 발급 즉시 서명하고 사용할 때 다시 서명해야 하며, 서명란 두 곳이 모두 서명되어 있으면 사용할 수 없다.

긴급 연락 번호

- 서울 전화 시: 0082-2-상대방 번호
- 전화번호 안내(국내): 1611
- 전화번호 안내(국외): 08
- 국제전화 신청: 09
- 긴급 구조(구급차): 144
- 경 찰: 133
- 화 재: 122
- Taxi: 40100, 60160, 31300
- 일기 예보: 0450199156601
- 뉴 스: 1530

우리 기관 및 상사

◎ 대사관
- Gregor-Mendel Strasse 25, A-1180, Wien
- 43-1) 478-1991
- 0664)286-3467
- 0664)351-9950
- (43-1)478-1013
- Mail : mail@koreaemb.at
- http://aut.mofat.go.kr

◎ KOTRA 지점 (빈)
- Mariahilfer Strasse 77-79
- 431)5863876-77
- 431)5863979

◎ 한인회
그라츠
- Lendpi 40
- 43-316)916923

린츠
- Spittelwiese 13
- 43-732)781720

잘츠부르크
- Rocklbrunnstr. 2
- 전화 : 43-662)871022

인스부르크
- Bertha Von Sottner Weg 6
- 43-512)347572
빈
- Schlacthmmer Str. 11/2
- 전화 : 43-1)2238524

◎ 여행문의
오스트리아 국가 관광국
- Margartenstrasse 1, A-1040 Vienna
- 10:00~17:00
- (01)588-66
- (01)588-66-47
- www.austria-tourism.at
빈 관광국
- Albertinaplatz, Vien
- 9:00~19:00
- (01)24-555
- info@vienna.info
- www.vienna.info
그라츠관광국
- Hurrengasse 16, Graz
- (월~토)9:00~18:00(일, 공휴일)10:00~18:00
- (0316)8075-0
- info@graztourismus.at
- www.graztourismus.at
오스트리아 국가 관광국
- Margartenstrasse 1, A-1040 Vienna
- 10:00~17:00
- (01)588-66

시내교통정보

• 공항에서 빈

빈 국제공항에서 시내까지 거리는 19km이다. 빈 국제공항에서 최신의 씨티 에어포트 트레인을 타고 시내까지 갈 수 있다(30분에 1회 운행 약 16분 소요). 편도 요금은 9유로이고, 왕복요금은 16유로이다. 빈 카드를 가지고 있으면 7.5유로이다. 그리고 S7번 기차를 타고 시내로 갈 수 있다(20분마다 1회 운행, 20분 소요). 요금은 4유로이며 빈 카드가 있

으면 2유로이다. 이 외에 출국로
비 앞에서 시내까지 가는 공항리
무진을 타고 갈수도 있다(30분마
다 1회 운행 약 20분이 소요). 편
도요금은 6유로이고, 왕복은 11유
로이다. 그리고 택시를 타면 요금
은 22유로~32유로정도 든다.

• 빈 시내교통
시가지내의 지하철(U), 기차(S), 버
스, 트램 등 대중교통을 이용하는
표는 모두 한가지다. 한번 탈 때 마
다 성인은 1.5유로이고, 6~15세 어
린이는 0.5유로이다. 이 외에 일주
일 승차권을 발행하는데, 24시간
권(5유로), 72시간 권(12유로) 그리
고 8일사용권(24유로) 세 가지 종
류가 있다. 일주일 승차권을 첫 번
째 사용할 때 반드시 차에 있는 체
크기 에서 체크를 하여야 한다. 체
크를 하면 윗면에 사용한 시간이
인쇄되어 나온다. 오스트리아의 대
중교통들을 이용할 때 표를 검사하
지 않지만, 무임승차 했다는 것이
발견되었을 때는 몇 배에 해당하는
벌금을 부과하니 무임승차는 절대
삼가자.

• 빈 카드
여행자들이 가장 경제적으로 대중
교통을 이용할 수 있는 방법이 바
로 빈 카드를 구매하는 것이다. 빈
카드는 유효기간 내에 무한정으로
지하철(U), 국철(S), 버스, 트램 등
대중교통수단을 이용할 수 있을 뿐
만 아니라 여러 곳의 박물관과 관
광명소들을 무료로 관람할 수 있
다. 유효기간은 3일이며, 한 장당
16.9유로이다. 관광정보 문의 처 혹
은 지하철역과 자동판매기에서 구
입할 수 있다. 그리고 도로변의 신
문판매대에서 구입할 수도 있다.
빈 카드를 구매할 때 작은 수첩을
증정품으로 주는데 윗면에는 할인
혜택을 받을 수 있는 관광명소들과

각종 음악회와 공연프로그램들이
자세하게 적혀있으며, 기차 또는
유람선까지 할인혜택을 받을 수 있
게 하여 빈 카드를 더 많이 이용할
수 있게 하고 있다.

• 트램 이용방법
지면 위를 달리는 트램(Strassen-
bahn)는 빈 시내에 줄지어 있는
여러 곳의 관광명소들을 둘러보는
데 아주 편리한 교통수단이다. 1번
노선은 시계방향으로 링슈트라세
를 따라 운행하고, 2번 노선은 시
계반대방향으로 운행한다. 트램은
새벽5시부터 밤11시경까지 운행한
다.

1단계: 정거장표지를 찾아라!
트램정거장은 Haltestelle라고 표시
가 되어있다. 가장 위쪽은 역 이름
이고, 중간의 커다란 원은 역표시
이며, 아래쪽에는 노선번호와 시간
표 그리고 노선도가 표시되어있다.

2단계: 방향을 정하라!
우선 타고 싶은 정거장표지를 찾은
후 노선도의 방향이 본인이 가야할
방향과 일치하는지 살펴야한다. 보
통 정거장표지의 노선에는 이 노선
의 트램이 통과한 정거장들이 전부
표시되어있을 것이다. 그렇지만 이
미 통과한 정거장 이름들은 조금
옅은 색으로 표시되고, 다음 차가
도착할 역 이름은 뚜렷하게 표시되
어있을 것이다.

3단계: 차번호를 확인하고 타라!
트램의 노선번호는 앞부분에 있을
것이다. 트램 문은 자동으로 열리
지 않기 때문에 차를 타고 내리는
데 반드시 본인이 직접 차문 옆에
있는 버튼을 눌러야 한다.

4단계: 승차권을 구입하고 펀칭하기
트램 안으로 들어가서, 만약 빈 카

드를 샀다면 첫 번째 사용할 때 반드시 개찰구에서 펀칭을 해야한다. 만약 빈 카드가 없으면 운전석 뒤에 있는 판매기에서 표를 구입하여야 하며, 탑승할 때 반드시 개찰구에서 펀칭을 해야 한다.

• 버스이용방법

시내와 시 외곽의 교통수단은 버스(Autobus)이다. 운행시간은 새벽5시부터 자정12시까지이다. 버스를 타는 방법은 트램과 다를 바 없다. 그러나 버스 맨 위쪽에는 노선번호가 표시되었을 뿐 아니라 종점역 이름이 표시되어있다. 승객들의 편리를 제공하기위해 금요일과 토요일에 저녁10시30분에서 새벽4시까지 야간버스를 운행한다. 정거장표지에 검은색바탕에 노란색글씨로 N(Nachtbus)이라고 표시되어있다. 그러나 야간버스는 할증료가 붙으며, 일주일승차권은 사용할 수 없다.

• 지하철 타는 방법

지하철(U-Bahn)의 운행시간은 새벽 5시부터 자정12시경이다.

1단계: 교통노선도

빈의 지하철은 색으로 노선이 구분되어있다. 지하철노선도를 보면 모든 노선의 출발역과 종점 역은 그 노선의 번호와 색이 표시되어있어 구분하기가 편하다. 많은 노선이 교차하는 환승역에는 타원형의 검은 틀을 표시하여 이곳이 다른 노선으로 갈아타는 환승역이라는 것을 나타내었다.

2단계: 지하철역을 찾아라!

지하철입구는 녹색바탕에 흰색으로 U자를 표시하여, 이 표지를 보면 지하철이라는 것을 알 수 있다.

3단계: 승차권을 구입하고 펀칭하기

지하철 안에 들어간 후, 빈 카드가 있다면 첫 번째 사용할 때 반드시 개찰구에서 펀칭을 해야 한다. 빈 카드가 없다면 플랫폼 앞에 가서 표를 구입하여야 한다. 표는 편도가 있고, 24시간 또는 72시간의 일주일 승차권이 있는데, 승차권판매소 또는 승차권판매기를 이용해 구입할 수 있다. 표를 구입한 후 첫 번째 탑승할 때 개찰구에서 반드시 펀칭을 하여야 한다.

4단계: 플랫폼을 찾아라!

플랫폼은 지하철 가는 방향의 종점역 이름을 표시한 것이기 때문에, 먼저 정확한 종점역 이름을 찾아야 한다. 그래야 플랫폼을 잘못 찾아가거나 엉뚱한 방향으로 가지 않는다.

5단계: 지하철타기

지하철의 문은 자동문이 아니다. 때문에 지하철에서 타고내릴 때 본인이 직접 차문손잡이를 아래로 돌려 밀면 문이 열린다.

• 시내열차 타는 방법

시내열차(schnellbahn)를 타는 방법은 지하철과 비슷하다. 열차노선 앞면의 번호는 S이며, S1, S2, S7, S40을 자주 사용한다. 빈 카드 또는 일주일 승차권으로도 빈 시내 국철을 탈 수 있다. 만약 교외로 가고 싶다면 반드시 표 값을 별도로 더 지불해야한다. 비용을 계산하는 방법은 승차권 판매소에 가서 표를 제시하고 시내와 가까운 역에서부터 요금을 계산하여 가산한다.

• 기차여행

빈 시내에는 각각 빈 서 역(Westbahnhof), 빈 남 역(Sbahnhof), 빈 북 역(WienNord), 빈 중앙역(Wien Nitte)과 프란츠 요제프 역(Franz-Josef- Bahnhof), 모두 5개의 역이 있다. 유럽 각국으로 통하는 국제열차는 주로 빈 남 역과 서 역에서 발차한다. 중앙역은 환승을 하는 역으로, 공항에서 빈 시내로 오는 열차들이 이곳에 머무른다. 이 역 옆에는 바로 장거리국제버스와 빈 중장거리버스종점이 있다. 이곳으로 가는 지하철은 4호선, 3호선이며, 트램은 0호이다. 프란츠 요제프 역은 주로 오스트리아 남북부의 열차와 프라하의 열차이다. 이역으로 가려면 D호 트램을 타면 된다. 빈 북 역은 주로 오스트리아북쪽에서 온 열차이며, 이곳에 가려면 지하철 1호선 또는 0, 5호 트램을 타면 된다. 빈 서역은 독일, 스위스에서 온 기차들의 종착역이다. 파리에서 온 기차도 이곳을 경유해서 독일로 간다. 부다페스트에서 오는 많은 열차들도 이곳에 머무른다. 이 역에 가려면 3, 6호선 지하철을 타거나, 5, 9, 52, 58호 트램을 타거나 S15, S50을 타면 된다. 빈 남 역은 주로 이탈리아에서 빈으로 가는 열차들이 머무르는 곳이다. 또한 오스트리아 남부에서 그라츠를 경유하는 열차의 종점역이기도 하다. 이 밖에 베를린, 프라하, 바르샤바에서 온 국제열차들도 이곳에 머무른다. 이역에 가려면 D, 0, 18호 트램을 타거나, S1, S2, S3, S15, S60, S80을 타면 된다. 오스트리아국철 OBB, 열차운행횟수 문의 : www.Oebb.at

주요행사

- 1월 1일: 빈 필하모닉 오스트리아의 시년 음악회(빈)
- 1~3월: 빈 필하모닉 오케스트라 등 무도회(빈)
- 7~8월: 잘츠부르크 음악제

오스트리아의 음악가

- 모차르트(Wolfgang Amadeus Mozart, 1756.1.27~1791.12.5)

모차르트는 역사상 가장 위대한 작곡가 중 한 명이다. 하이든, 베토벤과 함께 고전파로 불린다.

오스트리아의 잘츠부르크에서 아버지 레오폴트 모차르트와 어머니 안나 마리아 페르틀 모차르트 사이에서 7남매로 태어났지만 살아남은 형제는 볼프강 아마데우스 모차르트와 누나인 마리아 안나 모차르트뿐이었다.

모차르트는 어렸을 때부터 음악에 재능을 보였는데 세 살 때부터 건반을 다루었고 5살 때는 작곡을 하기 시작했다.

1762년 아버지는 아들의 재능을 알리고자 뮌헨, 빈, 만하임, 파리, 런던, 취리히 등으로 연주 여행을 다녔다. 모차르트는 유럽의 여러 음악 양식을 배우고 유명한 음악가들을 직접 만나며 음악 세계를 넓혀가게 되었다. 그중 1764~5년에 런던에서 만난 요한 크리스티안 바흐의 영향을 많이 받게 되었다고 한다.

모차르트는 25세 이후 빈에서 음악가로 활동하기 시작하여 35세에 죽을 때까지 교향곡, 오페라, 피아노 협주곡, 현악 사중주 등 1000여 곡을 작곡했다. 그의 많은 작품이 그 당시의 형식과 크게 다르지 않지만 피아노 협주곡만큼은 모차르트가 발전시켜 대중화했다고 할 수 있다.

- 베토벤(Ludwig van Beethoven, 1770.12.17~1827.3.26)

베토벤은 1770년 12월 17일 라인 강 연안의 작은 도시 본에서 태어났다. 그의 할아버지 루트비히 판 베토벤, 아버지 요한 판 베토벤 모두 훌륭한 음악가였다. 베토벤의 음악적 재능을 알아본 그의 아버지는 어려서부터 그에게 음악 공부를 시켰고 7세 때에는 피아노 연주회를 열었다.

베토벤의 작품은 보통 초기, 중기, 후기의 세 시기로 분류한다. 초기는 1783년~1803년까지, 중기는

1803년~1816년까지, 그리고 그 다음 해부터 그가 세상을 떠나기 전인 1827년까지 후기로 나뉘어진다.
　초기(고전기)에는 베토벤이 빈으로 옮겨가 30대 초반까지 작곡을 한다. 하이든과 모차르트의 영향을 받은 것에 자신의 새로운 감각을 더해 그만의 작품 세계를 넓힌다. 이 시기의 중요한 작품은 교향곡 1번, 교향곡 2번, 초기 현악 사중주곡, 첫 세 개의 피아노 협주곡들과 20개의 피아노 소나타를 들 수 있다. 여기에는 비창과 월광 소나타도 포함되어 있다.
　중기(영웅기)에 베토벤은 서서히 귀가 들리지 않게 된다. 이 시기에 만들어진 곡들은 영웅적이면서도 고통스러운 면모를 나타내고 있다. 베토벤만의 개성이 강해지고 천재성이 유감없이 발휘된 시기이다. 이 시기의 작품으로는 3번부터 8번까지의 교향곡과 나머지 두 개의 피아노 협주곡, 삼중 협주곡과 바이올린 협주곡, 그리고 7번부터 11번까지의 다섯 개의 현악 사중주곡과 7개의 피아노 소나타, 크로이처 바이올린 소나타와 그의 유일한 오페라 피델리오가 있다.
　후기(낭만기)에 베토벤은 청력을 완전히 상실하게 된다. 오직 의지와 정신력으로 작곡한 시기이다. 이 시기의 작품은 지적이고 혁명성을 띠며, 인간적인 표현을 드러냈다. 현악 사중주 작품 번호 131번은 7개의 악장으로 이루어져 있다. 또 9번 교향곡은 마지막 악장에 오케스트라와 더불어 합창을 넣었는데 형식과 내용에 있어서 음악사상 최고에 속한다.

• 슈베르트(Franz Peter Schubert, 1797.1.31~1828.11.19)
　슈베르트는 오스트리아 빈의 교외 리히텐탈에서 태어났다. 가곡의 왕이라 불리는 슈베르트는 가난과 선천적인 병약함 등의 어려움을 극복하고 600여 편의 가곡, 8편의 교향곡, 소나타, 오페라 등을 작곡했다.
　슈베르트의 아버지는 일찍이 아들의 음악적 재능을 발견하고 어릴 적부터 피아노 교습을 시작했다. 1808년 슈베르트가 11살 때 콘픽트 시립학교에 들어가 성악으로 음악적 재능을 인정받았고, 오케스트라의 단원으로 들어가게 되었다. 합창대에서 소프라노를 부르거나 때론 독창을 불러 많은 사람들로부터 찬사를 받았고, 이탈리아인 궁정악장 살리에리의 도움으로 작곡을 시작했다. 16세 때에는 아버지의 학교에서 선생님을 하기 시작했다.
　16세에 교향곡을 작곡한 이래 계속하여 교향곡 2,3번, 가곡 〈실 잣는 그레첸〉, 〈마왕〉, 〈들장미〉 등을 작곡하였다. 18세 때까지 그가 작곡한 곡은 모두 140곡이나 된다. 이 밖에도 많은 작품을 발표하였지만 그의 작품은 극히 일부의 사람들 외에는 거의 알려지지 않았다고 한다. 1816년 그는 친구의 권유로 괴테의 시를 가사로 작곡한 가곡을 만들어 괴테에게 보냈지만 괴테의 인정을 받지 못하고 악보는 반환되고 말았다.
　1818년 여름, 헝가리 에스테르하지 백작의 딸의 가정교사로 부임된 것을 계기로 그는 집을 나와 빈에서 생활하며 작곡을 계속하였다. 그리고 1828년 11월 21일 31세의 나이로 짧은 생애를 마쳤다. 슈베르트는 생전 베토벤을 정신적 스승으로 모실 정도로 베토벤을 존경했다고 한다. 평생의 대부분을 빈에서 보냈고 그곳에서 음악생활을 했으므로 베토벤의 작품과 비교해 보면 슈베르트의 작풍을 이해할 수 있을 것이다. 그의 유해는 유언에 따라 벨링크묘지에 있는 베토벤의 무덤 가까이에 묻혔고, 88년 두 묘는 빈의 지멜링크 중앙묘지로 옮겨졌다.

슈베르트의 작품은 빈고전파 작곡가들과 같이 오페라, 실내악, 피아노곡, 가곡 등 협주곡을 제외한 모든 부문에 걸쳐있다. 그의 생은 짧았지만 998개에 이르는 많은 작품을 남겼다.

• 사운드 오브 뮤직(The Sound of Music)

오스트리아의 잘츠부르크를 배경으로 만들어진 뮤지컬이다. 1959년 11월부터 뉴욕 브로드웨이에서 1443회나 연속공연 되었고 1965년에는 영화화되어 크게 인기를 얻었으며 극중 많은 노래가 사람들에게 사랑을 받았다.

오스트리아 잘츠부르크 수도원의 견습수녀 마리아는 노래를 좋아한다. 미사를 잊거나 기도시간에 늦는 등 수녀로서의 자질을 의심받지만 쾌활한 성격의 마리아는 원장 수녀의 귀여움을 받는다. 원장 수녀는 명문 트랩가의 가정교사로 마리아를 추천한다. 퇴역해군 대령으로 7명의 자녀를 둔 홀아비 트랩 대령은 엄격한 군대식 교육으로 아이들을 키우고 있다. 하지만 마리아는 아이들에게 노래를 부르게 함으로써 집 안에 밝은 분위기를 가져온다.

어느 순간부터 마리아는 트랩 대령을 사모하는 마음을 갖게 되지만 트랩에게는 이미 약혼녀가 있다. 트랩이 약혼녀를 맞으러 빈으로 떠난 동안 마리아는 아이들과 자연 속에서 노래를 가르친다. 대령이 돌아오던 날 약혼녀인 백작 부인을 위해 환영의 합창을 하자 이에 감동한 트랩 대령은 본래의 딱딱한 모습을 버리고 음악을 사랑했던 자신의 이전 모습을 떠올린다. 파티가 열리던 날 마리아와 춤을 추게 된 대령은 마리아에 대한 애정을 확실히 하게 된다. 이를 눈치 챈 백작 부인은 마리아를 찾아가 그녀를 비난하고 마리아는 수녀원으로 돌아가 버린다. 마리아를 그리워하던 아이들이 수녀원으로 찾아오지만 만나지 못하고 돌아가고 수녀원장은 마리아의 마음을 헤아려 트랩 대령에게 가도록 충고를 한다. 대령과 아이들은 돌아온 마리아를 환대하고 백작 부인은 빈으로 돌아간다. 두 사람은 수도원 성당에서 결혼미사를 드리고 신혼여행을 떠난다. 하지만 신혼여행에서 돌아온 그들을 기다리는 건 나치의 송환장이다. 2차 대전이 시작될 무렵 오스트리아 국민으로서 나치에 협력하기를 거부한 트랩 대령은 가족들을 데리고 망명하기로 결심한다. 망명하려는 밤 음악회에 참석한 그들은 오스트리아의 국민정신을 상징하는 '눈 속에서 영원히 피어라'는 내용의 노래 '에델바이스'를 관객들과 합창한다. 1등이 호명되는 순간 그들은 수녀들의 도움으로 알프스 산맥을 넘어 미국으로 망명한다.

〈사운드 오브 뮤직〉은 실화를 바탕으로 한 작품이다. 실제로 폰 트랩 대령은 1947년에 사망했고, 그의 아내 마리아는 1987년에 사망했다고 한다. 또 6남매의 인터뷰 중, 영화에서는 트랩 대령이 그의 자녀들에게 매우 엄격하고 딱딱한 아버지상으로 표현되었지만 실제로는 가족에게 다정다감하고 항상 재미있는 이야기를 들려주는 아버지였다고 한다.

*참고자료 : 네이버 백과사전 위키페니아

여행자수표 Q & A

Q : 여행자수표는 어디에 쓰면 좋나요?

A : **해외 여행 :** 많은 관광지에는 소매치기가 횡행합니다. 여행자수표는 현금을 대신하는 것으로 지갑에 계속 신경 쓰지 않고 여행을 즐길 수 있습니다. 또한 여행자수표를 사용하면 여행 경비를 조절할 수 있습니다. 신용카드와 달리 있는 만큼 쓰는 것이기 때문에 예산범위 내에서 사용 가능합니다.

해외 출장 : 해외 전시회에 참가하거나 제품을 구입할 때, 대부분 현지에서 즉시 지불해야 하는 경우가 많습니다. 계약금을 내거나, 샘플 구입비를 결제할 때, 혹은 예상치 못한 지출이 발생하거나, 카드를 받지 않는 경우에도 여행자수표는 적절하게 사용 가능합니다. 또 현지 은행에서 현금으로 교환할 수 있기 때문에 현금을 가지고 출국하는 것보다 안전합니다.

해외 유학 : 여행자수표는 학비, 생활비를 지불하는 수단으로도 사용 가능합니다. 단기 연수의 경우 체류기간이 비교적 짧아 일반적으로 해외에서 통장개설을 하지 않습니다. 그러므로 여행자수표로 학비, 생활비 등을 지불하는 것은 안전하면서도 신용카드의 한도 제한에 구애받지 않는 가장 편리한 선택입니다. 유학의 경우, 준비해야 할 비용이 더욱 큽니다. 현지에서 통장을 개설하기 전에 사용할 돈을 안전하게 준비하는 방법으로 여행자수표가 유용하게 사용됩니다.

이외에도 여행자수표를 구입할 때는 환율이 일반적으로 현금보다 유리합니다. 환율이 낮아 출국 이전부터 약간의 비용을 절약할 수 있고, 또한 안전하다는 장점이 있습니다.

Q : 어디에서 아멕스 여행자수표를 살 수 있나요?

A : **은행과 온라인에서 여행자수표 구입이 가능합니다.**

▶ 은행 : 지점을 포함한 전국 각 은행에서 구입 가능. 단, 외환은행에서는 호주 달러와 영국 파운드, 일본 엔화, 캐나다 달러만 구입 가능.

▶ 인터넷 예약 : 우리은행과 신한은행 웹싸이트에서 온라인으로 구매할 수 있음.

자세한 내용은 http://www.americanexpress.com/korea 참고.

Q : 여행자수표를 구입하려면 어떤 절차가 필요하나요?

A : 여행자수표 구입은 현금 환전과 마찬가지로 간단합니다. 신분증과 현금만 있으면 구입 가능합니다.

Q : 여행자수표를 분실하면 현지에서 재발급 가능한가요?

A : 아멕스 여행자수표는 전 세계

84,000여 은행과 환전소 등의 파트너와 함께 일하고 있으며, 동시에 2,200개의 여행 서비스센터를 두고 있습니다. 여행자수표 분실 시 일반적으로 모두 현지에서 재발급이 가능하며, 수수료는 없습니다. 다음 여행지에서 재발급 신청하셔도 됩니다.

Q : 왜 여행자수표를 사용하는 것이 경제적이고 혜택이 많다고 하나요?

A : 여행자수표를 구입할 경우 외화를 현금으로 구입하는 것보다 일반적으로 쌉니다. 외국에서 현지화폐로 교환하려고 할 때, 수수료를 면제해 주는 환전소도 많기 때문에 어떤 때에는 더 많은 현지화폐를 손에 쥘 수 있습니다. 수수료 등에서 돈을 아낄 수 있을뿐더러 수지타산이 잘 맞는 방법입니다.

Q : 해외 유학을 할 때, 학비와 생활비를 가지고 나가려고 합니다. 어떤 방식을 선택해야 좋을까요?

A : 여러 방법을 병행해서 사용하는 것이 좋습니다. 위험이 적으면서도 편리하게 사용할 수 있어야 합니다. 예를 들어 캐나다에 1년 정도 간다고 하면 학비는 1만 캐나다달러, 생활비는 8천 달러 정도 소요됩니다. 학비를 현지에서 지불한다면 여행자수표를 이용하는 것이 가장 좋습니다. 생활비의 70% 정도는 여행자수표, 20% 정도는 신용카드, 10%는 현금으로 사용하는 것이 좋습니다.

여행자수표의 사용방법

❶ 구입 후 즉시 서명

❷ 사용 시 재서명

1. 구입 후 즉시 서명 : 구입 후 즉시 수표 왼쪽 상단에 사인합니다. 어느 언어도 무방합니다.

2. 사용 시 재서명 : 사용할 때에 수취인의 앞에서 왼쪽 하단에 상단과 일치하는 사인을 하면 됩니다.

3. 따로 보관 : 구매계약서와 여행자수표는 따로 보관하세요. 만약 여행자수표를 분실, 훼손한 경우 구매계약서를 가지고 각지의 분실배상서비스센터에 가서 분실처리를 하도록 합니다.

여행 회화

Travel Conversation

출국과 입국

■ 기내에서

이 좌석이 어디 있는지 알려주시겠어요?
Could you help me to find my seat, please?
쿠 쥬 헬프 미 투 파인드 마이 씻, 플리즈?

탑승권을 보여 주시겠습니까?
May I see your boarding pass?
메아이 씨 유어 보딩 패스?

저와 자리를 바꿔주시겠어요?
Do you mind changing your seat with me?
두 유 마인드 체인징 유어 씻 위드 미?

음료는 무엇으로 하시겠습니까?
What would you like to drink?
왓 우 쥬 라익 투 드링크?

콜라 주세요.
Coke, please.
코크 플리즈.

한국 잡지나 신문 있어요?
Do you have Korean magazines or newspapers?
두 유 해브 코리안 매거진스 오어 뉴스페이펄스?

뭐 마실 것 좀 주시겠어요?
Can I have something to drink?
캔 아이 해브 썸띵 투 드링크?

펜 좀 빌릴 수 있을까요?
Can I borrow a pen?
캔 아이 바뤄우 어 펜?

실례합니다만 저의 자리에 앉아계신 것 같은데요.
Excuse me. I think you're sitting in my seat.
익스큐즈 미. 아이 띵크 유아 씨링 인 마이 씻.

얼마나 더 가야합니까?
How many more hours to go?
하우 매니 모어 아월스 투 고?

■입국심사

오스트리아 방문이 처음이십니까?
Is it your first visit to Austria?
이즈 잇 유어 퍼스트 비짓 투 오스트리아?

방문 목적이 무엇입니까?
What's the purpose of your visit?
왓츠 더 퍼포즈 오브 유어 비짓?

관광입니다.
For sightseeing.
포 싸이트씨잉.

돈을 얼마나 소지하고 계십니까?
How much money do you have?
하우 머취 머니 두 유 해브?

약 500유로를 가지고 있습니다.
I have about 500euros.
아이 해브 어바웃 화이브 헌드뤠드 유로즈.

여권과 입국신고서를 볼 수 있을까요?
Can I see your passport and landing
card, please?
캔 아이 씨 유어 패스포트 앤 랜딩 카드, 플리즈?

여기 있습니다.
Here they are.
히어 데이 아.

이 곳에 친척이 있습니까?
Do you have any relatives here?
두 유 해브 애니 렐러티브스 히어?

네. 삼촌이 빈에 살고 있습니다.
Yes. my uncle is living in Wien.
예스. 마이 엉클 이스 리빙 인 빈.

아니오. 없습니다.
No, I don't have any.
노, 아이 돈 해브 애니.

오스트리아에 얼마 동안 머물 예정입
니까?
How long are you going to stay in Austria?
하우 롱 아 유 고잉 투 스테이 인 오스트리아?

2주간 머물 예정입니다.
I'm going to stay for two weeks.
아임 고잉 투 스테이 포 투 윅스.

어디에서 머물 예정이십니까?
Where are you going to stay?
웨얼 아 유 고잉 투 스테이?

힐튼 호텔입니다.
At the Hilton Hotel.
앳 더 힐튼호텔.

신고할 물건이 있습니까?
Do you have anything to declare?
두 유 해브 애니띵 투 디클레어?

신고할 게 없습니다.
I have nothing to declare.
아이 해브 낫띵 투 디클레어.

가방에 뭐가 들어있는지 볼 수 있나요?
Can I see what's in your bag, please?
캔 아이 씨 왓츠 인 유어 백, 플리즈?

담배 한 보루가 있는데 제가 피우려고 샀습니다.
I've got a pack of cigarette. That's for my personal use.
아이브 갓 어 팩 오브 시가렛. 댓츠 포 마이 퍼스널 유스.

이 물건의 가격이 대략 얼마나 됩니까?
What's the approximate value of it?
왓츠 디 어프록시밋 밸류 오브 잇?

250유로를 주고 샀습니다.
I paid 250euros for it.
아이 패이드 투헌드뤠드 앤 휘프티 유로즈 포 잇.

개인적 용도로 가져왔습니다.
I brought it for my personal use.
아이 브로웃 잇 포 마이 퍼스널 유스.

관세 20유로를 내야 합니다.
You have to charge you a 20euro duty for that.
유 해브 투 차쥐 어 트웨니 유로 듀리 포 댓.

과일이나 야채 혹은 동물 등이 있습니까?
Do you have any fruit or vegetables or animals?
두 유 해브 애니 프룻 오어 베쥐터블스 오어 애니멀스?

그것을 가지고 입국하는 것은 금지되어 있습니다.
You are not allowed to bring them in.
유 아 낫 얼라우드 투 브링 뎀 인.

■공항에서

이걸 달러로 환전할 수 있을까요?
Could you exchange this for euros, please?
쿠 쥬 익스체인쥐 디스 포 유로즈, 플리즈?

이 신고서를 어떻게 작성하는지 알려 주시겠어요?
Would you show me how to fill out this form, please?
우 쥬 쇼우 미 하우 투 필 아웃 디스 폼, 플리즈?

출구가 어느 쪽이죠?
Where's the exit?
웨어즈 디 에그짓?

관광안내소가 어디 있는지 아세요?
Do you know where the tourist information center is?
두 유 노 웨어 더 투어뤼스트 인포메이션 센터 이스?

환율이 어떻게 됩니까?
What's the exchang rate?
왓츠 디 익스체인쥐 뤠잇?

값싼 호텔 하나 추천해주시겠어요?
Could you recommend a cheap hotel?
쿠 쥬 레코멘드 어 칩 호텔?

예약 좀 해 주시겠어요?
Could you make a reservation for me, please?
쿠 쥬 메이크 어 레져베이션 포 미, 플리즈?

공항 셔틀버스를 어디에서 탈수 있나요?
Where can I take an airport shuttle bus?
웨어 캔 아이 테이크 언 에어포트 셔틀 버스?

시내지도 한 장 주시겠어요?
May I have a city map, please?
메아이 해브 어 씨리 맵, 플리즈?

관광안내책자 한 권 주세요.
Please, give me a tourist brochure.
플리즈, 깁 미 어 투어뤼스트 브로슈어.

약도를 좀 그려 주시겠어요?
Could you draw me a map, please?
쿠 쥬 드뤄우 미 어 맵, 플리즈?

버스 시간표 한 장 주세요.
Please, let me have a bus timetable.
플리이즈, 렛 미 해브 어 버스 타임테이블.

지하철 노선도 있나요?
Do you have a subway route map?
두 유 해브 어 썹웨이 루트 맵?

교통수단의 이용

■Bus 이용

버스정류장이 어디죠?
Where's the bus stop?
웨어즈 더 버스 스탑?

길 건너에 있습니다.
It's on the opposite side of the road.
잇츠 온 디 오퍼짓 사이드 오브 더 로드.

요금이 얼마죠?
How much is the fare?
하우 머취 이스 더 훼어?

어른 한 명에 3유로입니다.
It's 3euro for an adult.
잇츠 쓰리 유로 포 언 어덜트.

버스시간표를 어디서 구할 수 있나요?
Where can I get a bus timetable?
웨어 캔 아이 겟 어 버스 타임테이블?

1500번 버스를 어디서 타야합니까?
Where can i catch the number 1500 bus?
웨어 캔 아이 캣취 더 넘버 휘프틴헌드뤠드 버스?

어디서 내려야하나요?
Where should I get off?
웨어 슈드 아이 겟 오프?

갈아타야 하나요?
Do I have to transfer?
두 아이 해브 투 트렌스훠?

버스를 잘못 탄 것 같아요.
I think I took the wrong bus.
아 띵크 아 툭 더 롱 버스.

다음 버스는 몇 시죠?.
When's the next bus?
웬즈 더 넥스트 버스?.

어느 버스가 기차역을 지나가나요?
Do you know which bus goes by the train station?
두 유 노 위치 버스 고즈 바이 더 트뤠인 스테이션?

박물관 앞에서 내려주세요.
Drop me off in front of the Museum, please.
드롭 미 오프 인 프론트 오브 더 뮤지엄, 플리즈.

박물관까지 몇 정거장 남았나요?
How many stops do I have left to the Museum?
하우 매니 스탑스 두 아이 해브 레프트 투 더 뮤지엄?

여섯 정거장 남았어요.
Six more stops to go.
씩스 모어 스탑스 투 고.

그라츠에 가려면 어떤 버스를 타야하나요?
Which bus should I take to get to Graz?
위치 버스 슈드 아이 테익 투 겟 투 그라츠?

45번 버스를 타세요.
Take the number 45 bus.
테익 더 넘버 포리 화이브 버스.

■Taxi 이용

택시 승강장이 어디입니까?
Where is a taxi stand?
웨어 이즈 어 택시 스탠드?

트렁크 좀 열어주시겠어요?
Could you open the trunk, please?
쿠 쥬 오픈 더 트렁크, 플리즈?

어디로 가십니까?
Where would you like to go?
웨어 우 쥬 라익 투 고?

이 주소로 데려다 주세요.
Take me to this address, please?
테익 미 투 디스 어드뤠스, 플리즈?

공항으로 급히 가야합니다.
I'm in a hurry to go to the airport.
아임 인 어 허뤼 투 고 투 디 에어포트.

기본요금이 얼마죠?
What's the basic rate?
왓츠 더 베이직 뤠잇?

공항까지 얼마나 걸릴까요?
How long does it take to go to the airport?
하우 롱 더즈 잇 테익 투 고 투 디 에어포트?

가장 빠른 길로 가주세요.
Please, take the shortest way.
플리이즈, 테이크 더 쑈리스트 웨이.

여기서 내려주세요.
Stop here, please.
스탑 히어, 플리즈.

직진해서 세 블록만 가주세요.
Just go straight three blocks, please.
저스트 고 스트뤠잇 쓰뤼 블락스, 플리즈.

잔돈은 그냥 가지세요.
Keep the change.
킵 더 체인쥐.

잔돈이 없습니다.
I have no change.
아이 해브 노 체인쥐.

■렌트카 이용

차 한 대 렌트하고 싶습니다.
I'd like to rent a car, please.
아이드 라익 투 렌트 어 카, 플리즈.

어떤 차를 원하십니까?
What kind of car would you like?
왓 카인드 오브 카 우 쥬 라익?

자동차 목록을 보여주시겠어요?
Can I see your car list?
캔 아이 씨 유어 카 리스트?

세단 오토매틱으로 부탁합니다.
A sedan with an automatic Transmission, please.
어 세단 위드 언 오토메틱 트렌스미션, 플리즈.

수동 기어로 부탁합니다.
I'd like a car with a standard transmission, please.
아이드 라익 어 카 위드 어 스텐다드 트렌스미션, 플리즈.

보험이 포함되었나요?
Does it include insurance?
더즈 잇 인클르드 인슈어런스?

종합보험으로 해주세요.
Full insurance, please.
풀 인슈어런스, 플리즈.

하루에 얼마입니까?
How much is the rate per day?
하우 머취 이즈 더 레잇 퍼 데이?

얼마동안 쓰실 거죠?
How long will you need it?
하우 롱 윌 유 니드 잇?

15일간 렌트하려고요.
I'll rent it for 15 days.
아일 렌트 잇 포 휘프틴 데이즈.

다음 달 말까지 필요해요.
I need it until the end of next month.
아이 니드 잇 언틸 디 엔드 오브 넥스트 먼쓰.

그것으로 하겠습니다.
Ok. I'll take it.
오케이 아일 테익 잇.

렌트 전에 차를 한 번 보고 싶습니다.
I'd like to see the car before I rent it.
아이드 라익 투 씨 더 카 비포 아이 렌트 잇.

■ 지하철 이용

이 역이 무슨 역이죠?
What stop are we at?
왓 스탑 아워 앳?

다음이 무슨 역이죠?
What stop is next?
왓 스탑 이스 넥스트?

가장 가까운 전철역이 어디인가요?
Where's the nearest subway station?
웨어즈 더 니어뤼스트 썹웨이 스테이션?

시내로 가려면 어떤 라인을 타야하나요?
Which line should I take to go downtown?
위치 라인 슈드 아이 테익 투 고 다운타운?

막차가 몇 시죠?
What time is the last train?
왓 타임 이즈 더 래스트 트뤠인?

이 라인의 종착역이 어디입니까?
What station is the end of this line?
왓 스테이션 이즈 디 엔드 오브 디스 라인?

어느 역에서 내려야 하나요?
Which station should I get off at?
위치 스테이션 슈드 아이 겟 오프 앳?

다음 역에서 내리세요.
Get off at the next station.
겟 오프 앳 더 넥스트 스테이션.

그린 라인을 타려면 어디로 가야하나요?
Where should I go to take the Green Line?
웨어 슈드 아이 고 투 테익 더 그린 라인?

시청에 가려면 어디서 갈아타나요?
Where should I transfer to get to the City Hall?
웨어 슈드 아이 트랜스퍼 투 겟 투 더 씨리홀?

박물관으로 가려면 몇 번 출구로 나가야하나요?
Which exit should I take for the museum?
위치 에그짓 슈드 아이 테익 포 더 뮤지엄?

B-4번 출구로 나가세요.
Take the B-4 exit.
테익 더 비-포 에그짓.

■ 길 묻기

길을 잃었어요.
I'm lost.
아임 로스트.

이 길의 이름은 뭐죠?
What's the name of this street?
왓츠 더 네임 오브 디스 스트릿?

이 근처에 백화점이 있나요?
Is there a department store near by?
이스 데얼 어 디파트먼트 스토어 니얼 바이?

이미 지나왔어요.
You've come too far.
유브 컴 투 파.

호프부르크로 가는 길 좀 가르쳐주시겠어요?
Could you tell me the way to Hofburg?
쿠 쥬 텔 미 더 웨이 투 더 호프부르크?

공중전화가 어디 있습니까?
Where can I find a public phone?
웨어 캔 아이 파인드 어 퍼블릭 폰?

다음 신호등에서 오른쪽으로 가세요.
Turn right at the next traffic light.
턴 롸잇 앳 더 넥스트 트뤠픽 라잇.

저도 이 근방의 지리를 잘 몰라요.
I just don't know the way around here.
아이 저스트 돈 노 더 웨이 어롸운 히어.

다음 모퉁이에서 우측으로 돌아가세요.
Turn left at the next corner.
턴 레프트 앳 더 넥스트 코너.

이 길을 따라가세요.
Just go along this street.
저스트 고 어롱 디스 스트릿.

소방서 건너편에 있어요.
It's across the street from the fire house.
잇츠 어크로스 더 스트릿 프롬 더 파이어 하우스.

경찰에게 물어보는게 좋겠네요.
You'd better ask the police officer.
유드 베러 애스크 더 폴리스 오피서.

이 지도에서 제가 있는 곳이 어디죠?
Where on this map am I?
웨어 온 디스 맵 앰 아이?

여기서 호프부르크까지 먼가요?
Is Hofburg far from here?
이즈 호프부르크 파 프롬 히어?

호텔에서

■호텔 예약과 체크인

예약을 하고 싶은데요.
I'd like to make a reservation, please.
아이드 라익 투 메이크 어 레저베이션, 플리즈.

이틀간 묵을 2인실 하나를 예약하고 싶은데요.
I'd like to book a twin room for two nights.
아이드 라익 투 북 어 트윈 룸 포 투 나잇츠.

언제 도착하시나요?
When do you arrive?
웬 두 유 어롸이브?

1월 13일 오후에 도착할 겁니다.
I'll arrive there on the 13th of January in the afternoon.
아일 어롸이브 데어 온 더 썰틴스 오브 재뉴어뤼 인 디 앱터눈.

얼마 동안 묵을 예정이십니까?
How long will you stay?
하우 롱 윌 유 스테이?

3일간 묵을 예정입니다.
I'll stay for 3 nights.
아일 스테이 포 쓰뤼 나잇츠.

이준하라는 이름으로 예약을 했습니다.
I have a reservation under the name of Jun Ha Lee.
아이 해브 어 뤠저베이션 언더 더 네임 오브 준하 리.

예약 확인서를 보여주시겠습니까?
May I see your confirmation slip, please?
메아이 씨 유어 컨훠매이션 슬립, 플리즈?

성함을 말씀해 주시겠습니까?
May I have your name, please?
메아이 해브 유어 네임, 플리즈?

죄송합니다. 모두 예약이 끝났습니다.
I'm sorry, rooms are all booked up.
아임 쏘리. 룸스 아 올 북트 업.

숙박카드를 작성해주시겠습니까?
Could you fill out the registration form, please?
쿠 쥬 휠 아웃 더 뤠지스트뤠이션 폼, 플리즈?

어떻게 작성하는지 가르쳐주시겠습니까?
Could you tell me how to write it, please?
쿠 쥬 텔 미 하우 투 롸잇 잇, 플리즈?

여기에 성함과 국적, 그리고 여권번호를 적으시면 됩니다.
Just write your name and nationality, and also your passport number here.
저스트 롸잇 유어 네임 앤 내셔널리티, 앤 올소 유어 패스포트 넘버 히어.

어떤 방을 원하십니까?
What kind of room would you like?
왓 카인드 오브 룸 우 쥬 라이크?

전망이 좋은 2인실로 부탁합니다.
I'd like a double room with a nice view.
아이드 라이크 어 더블 룸 위드 어 나이스 뷰.

방을 먼저 볼 수 있을까요?
Can I see the room first?
캔 아이 씨 더 룸 훨스트?

체크인 해주세요.
I'd like to check in, please.
아이드 라익 투 체크인, 플리즈.

하룻밤 숙박료가 얼마죠?
How much for one night?
하우 머취 포 원 나잇?

더 싼 방 있나요?
Do you have anything cheaper?
두 유 해브 애니띵 칩퍼?

아침식사가 포함된 요금인가요?
Does this rate include breakfast?
더즈 디스 뤠잇 인클루드 브렉퍼스트?

■ 호텔 서비스

룸서비스를 어떻게 부르죠?
How can I call room service?
하우 캔 아이 콜 룸 서비스?

룸서비스가 몇 시에 끝나나요?
What time does room service stop serving?
왓 타임 더즈 룸 서비스 스탑 서빙?

서울로 국제전화를 걸고 싶습니다.
I'd like to make a call to Seoul, Korea.
아이드 라익 투 메이크 어 콜 투 서울 코리아.

6시에 모닝콜 좀 해주세요.
I'd like to get a wake-up call at 6:00.
아이드 라익 투 겟 어 웨이크-업 콜 앳 씩스.

귀중품을 여기에 맡길 수 있을까요?
Can I keep my valuables here?
캔 아이 킵 마이 밸류어블스 히어?

세탁 서비스가 가능한가요?
Do you have a laundry service?
두 유 해브 어 론드뤼 서비스?

팁입니다.
Here's your tip.
히얼스 유어 팁.

여기 한국어를 할 줄 아는 사람이 있나요?
Does someone here speak Korean?
더즈 섬원 히어 스픽 코리안?

짐을 방으로 옮겨줄 사람이 필요한데요.
I need someone to bring my baggage up.
아이 니드 섬원 투 브링 마이 배기쥐 업.

방에 금고가 있습니까?
Does the room have a safety box?
더즈 더 룸 해브 어 세이프티 박스?

인터넷을 어디서 이용할 수 있어요?
Where can I use the internet?
웨어 캔 아이 유스 디 인터넷?

식당 예약을 좀 해주시겠어요?
Could you make a reservation for a restaurant, please?
쿠 쥬 메이크 어 뤠저베이션 포 러 뤠스토런, 플리즈?

이 소포를 한국으로 보내주세요.
I'd like to send this parcel to Korea.
아이드 라익 투 센드 디스 파슬 투 코리아.

공항 셔틀버스가 얼마나 자주 오나요?
How often does the airport shuttle bus come?
하우 오픈 더즈 디 에어포트 셔를 버스 컴?

■ 체크아웃

5시까지 짐을 맡길 수 있을까요?
Could you keep my baggage until five o'clock?
쿠 쥬 킵 마이 배기쥐 언틸 화이브 어클락?

몇 시에 체크아웃을 해야 하나요?
When's the check out time?
웬즈 더 체크아웃 타임?

하루 더 묵고 싶은데요.
I'd like to stay one more night.
아이드 라익 투 스데이 원 모어 나잇.

하루 일찍 나가고 싶은데요.
I'd like to leave one day earlier.
아이드 라익 투 리브 원 데이 얼리어.

체크아웃 부탁합니다.
Check out, please.
체크아웃, 플리즈.

11시 30분에 체크아웃 하겠습니다.
I'm going to check out at 11:30.
아임 고잉 투 체크아웃 앳 일레븐 써리.

방에 뭘 두고 왔어요.
I left something in my room.
아이 레프트 썸띵 인 마이 룸.

로비로 짐 옮기는 걸 도와주시겠어요?
Could you help me to take my baggage down to the lobby, please?
쿠 쥬 헬프 미 투 테이크 마이 배기쥐 다운 투 더 로비, 플리즈?

택시를 불러주시겠어요?
Could you call a taxi for me?
쿠 쥬 콜 어 택시 포 미?

합계요금이 얼마죠?
How much is the total charge?
하우 머취 이즈 더 토럴 차아쥐?

계산서 주세요.
Bill, Please.
빌, 플리즈.

카드로 계산해도 되나요?
Can I pay by credit card?
캔 아이 패이 바이 크뤠딧 카드?

요금이 생각보다 높은 것 같아요.
This seems a little high.
디스 씸스 어 리를 하이.

계산에 실수가 있는 것 같은데요.
I think there is a mistake in this bill.
아이 띵크 데얼 이스 어 미스테이크 인 디스 빌.

제 비자카드로 해주세요.
Put it on my VISA, please.
풋 잇 온 마이 비자, 플리즈.

여행자수표도 취급하나요?
Do you accept traveler's checks?
두 유 억셉트 트뤠블러스 첵스?

맡긴 귀중품을 찾고 싶은데요.
I'd like my valuables back.
아이드 라이크 마이 밸류어블스 백.

짐이 4개 있어요.
I have four pieces of baggage.
아이 해브 포 피시스 오브 배기쥐.

식당 · 쇼핑

■ 주문하기

메뉴 좀 주세요.
Menu, please.
메뉴, 플리즈.

주문하시겠습니까?
May I take your order, please?
메아이 테익 유어 오더, 플리즈?

음료를 먼저 주문하겠습니다.
We'd like to order drinks first.
위드 라익 투 오더 드링크스 퍼스트.

조금만 더 기다려주시겠어요?
Would you give me a few more minutes?
우 쥬 깁 미 어 퓨 모어 미닛츠?

이 식당에서 잘하는 요리가 뭐죠?
What's the specialty of the house?
왓츠 더 스페셜티 오브 더 하우스?

오늘의 특별요리가 뭐죠?
What's today's special?
왓츠 투데이스 스페셜?

이것과 이걸로 하겠습니다.
I'll have this and this, please.
아일 해브 디스 앤 디스, 플리즈.

저것과 똑같은 걸로 주세요.
I'd like to have the same dish as that.
아이드 라익 투 해브 더 쌔임 디쉬 애즈 댓.

더 필요한 거 있으십니까?
Anything else?
애니띵 엘스?

디저트는 무엇으로 하시겠습니까?
What would you like to have for dessert?
왓 우 쥬 라익 투 해브 포 디저트?

■쇼핑하기

여성복 매장은 몇 층에 있나요?
Which floor is women's wear on?
위치 플로어 이스 위민스 웨어 온?

이 근처에 면세점이 있나요?
Is there a duty-free shop around here?
이스 데얼 어 듀리-프리 샵 어라운드 히어?

전자제품을 어디서 살 수 있어요?
Where can I buy an electronic goods?
웨어 캔 아이 바이 언 일렉트로닉 굿즈?

찾으시는 물건 있으세요?
May I help you?
메아이 헬프 유?

그냥 구경하고 있어요.
I'm just looking around.
아임 저스트 룩킹 어라운드.

저쪽에 저것 좀 보여주시겠어요?
Could you show me that one there, please?
쿠 쥬 쇼우 미 댓 원 데어, 플리즈?

여자 친구에게 선물할 목걸이를 찾고 있어요.
I'm looking for a necklace for my girl friend.
아임 룩킹 포 러 넥클레이스 포 마이 걸프렌드.

이거 6사이즈 있어요?
Have you got this in size 6?
해 뷰 갓 디스 인 사이즈 식스?

다른 것 좀 보여주시겠어요?
Could you show me another one, please?
쿠 쥬 쇼 미 어나더 원, 플리즈?

면세품인가요?
Is it tax-free?
이즈 잇 택스 프리?

이 향수 좀 보여주시겠어요?
Would you show me this perfume?
우 쥬 쇼 미 디스 퍼퓸?

입어 봐도 되나요?
Can I try this on?
캔 아이 트라이 디스 온?

탈의실이 어디죠?
Where is the fitting room?
웨어 이스 더 휘링 룸?

어떤 종류의 색상이 있나요?
What kind of colors do you have?
왓 카인드 오브 컬러스 두 유 해브?

긴급 상황

■ 분실 · 도난

분실물 취급소가 어디죠?
Where is the lost and found?
웨어 이스 더 로스트 앤 화운드?

여권을 잃어버렸어요.
I lost my passport.
아이 로스트 마이 패스포트.

제 카메라를 잃어버렸어요.
I lost my camera.
아이 로스트 마이 캐머라.

가방을 버스에 두고 내렸어요.
I left my bag on the bus.
아이 레프트 마이 백 온 더 버스.

어디서 잃어버렸는지 모르겠어요.
I don't know where I lost it.
아이 돈 노 웨얼 아이 로스트 잇.

만약 찾으시면 이 번호로 전화주세요.
Please, call me at this number if you find it.
플리즈, 콜 미 앳 디스 넘버 이프 유 파인드 잇.

도둑이야! 저놈 잡아라!
Thief! Get him!
띠픽 겟 힘!

누가 제 가방을 빼앗아갔어요.
Someone took my bag.
썸원 툭 마이 백.

제 시계를 도난당했어요.
I had my watch stolen.
아이 해드 마이 왓치 스톨른.

어젯밤 제 방에 도둑이 들었어요.
Someone broke into my room last night.
썸원 브로크 인투 마이 룸 라스트 나잇.

■ 교통사고

누가 경찰 좀 불러주세요!
Somebody call the police!
썸바리 콜 더 폴리스!

위급 상황이에요.
It's an emergency!
잇츠 언 이멀전씨!

구급차를 불러주세요.
I need an ambulance.
아이 니드 언 엠뷸런스.

교통사고가 났어요.
There's been a car accident.
데얼스 빈 어 카 액시던트.

교통사고를 당했어요.
I was in a car accident.
아이 워스 인 어 카 액시던트.

여기 부상당한 사람이 있어요.
There's an injured person here.
데얼스 언 인줘어드 펄슨 히어.

부상 상태가 어떤가요?
Tell me the healing of your injury?
텔 미 더 힐링 오브 유얼 인줘리?

여기 한국어를 하는 의사가 있나요?
Is there a Korean-speaking doctor here?
이즈 데얼 어 코리안-스피킹 닥터 히어?

출혈이 심합니다.
He is bleeding badly.
히 이즈 블리딩 배들리.

어디가 이상하시죠?
What seems to be the problem?
왓 씸스 투 비 더 프라블럼?

의식이 없어요.
He is unconcious.
히 이즈 언컨셔스.

증상이 어떻습니까?
What are your symptoms?
왓 아 유어 씸텀스?

숨을 못 쉬겠어요.
I can't breathe.
아이 캔트 브레뜨.

그가 다리 위에서 떨어졌어요.
He fell down from the bridge.
히 펠 다운 프롬 더 브륏지.

■ 병원에서

그가 기절했어요.
He fainted.
히 페인티드.

보험에 가입되어 있나요?
Do you have insurance?
두 유 해브 인슈어런스?

여행자보험이 있어요.
I have traveler's insurance.
아이 해브 트뤠블러스 인슈어런스.

제 친구가 자동차에 치였어요.
A car ran over my friend.
어 카 랜 오버 마이 프렌드.

진찰을 받고 싶은데요.
I need to see a doctor.
아이 니드 투 씨 어 닥터.

제 친구에게 응급처치를 해주시겠어요?
Could you apply first aid to my friend, please?
쿠 쥬 어플라이 퍼스트 에이드 투 마이 프렌드, 플리즈?

몸이 아파요.
I feel sick.
아이 필 씩.

감기에 걸린 것 같아요.
I think I've got a cold.
아이 띵크 아이브 갓 어 콜드.

열이 있어요.
I have a fever.
아이 해브 어 피버.

두통이 있어요.
I have a headache.
아이 해브 어 헤드에익.

설사를 해요.
I've got the runs.
아이브 갓 더 런스.

기침이 멈추질 않아요.
I can't stop coughing.
아이 캔트 스탑 커휭.

계속 구토를 해요.
I keep throwing up.
아이 킵 쓰로윙 업.

여기가 아파요.
I feel pain here.
아이 필 페인 히어.

뭐가 잘못 된 거죠?
What's wrong with me?
왓츠 롱 위드 미?

식중독인 것 같네요.
Looks like you've got food poisoning.
룩스 라이크 유브 갓 푸드 포이져닝.

■ 약국에서

아스피린 있어요?
Can I have some aspirin?
캔 아이 해브 썸 애스퍼륀?

몸이 안 좋아요.
I don't feel well.
아이 돈 필 웰.

반창고 좀 주세요.
I need some band-aids, please.
아이 니드 썸 밴드-애이즈, 플리즈.

진통제 있어요?
Do you have painkillers?
두 유 해브 패인-킬러스?

안약 좀 주세요.
Can I have eye-drops, please.
캔 아이 해브 아이-드랍스, 플리즈.

소화불량에 어떤 약을 먹어야 하나요?
What should I get for indigestion?
왓 슈드 아이 겟 포 인디제스쳔?

여기 처방전이 있어요.
Here's the prescription.
히얼스 더 프뤼스크립션.

이 처방전대로 조제해주세요.
Could I get this prescription filled?
쿠드 아이 겟 디스 프뤼스크립션 휠드?

처방전 없인 판매할 수 없습니다.
I can't sell this without a prescription.
아이 캔트 쎌 디스 위다웃 어 프뤼스크립션.

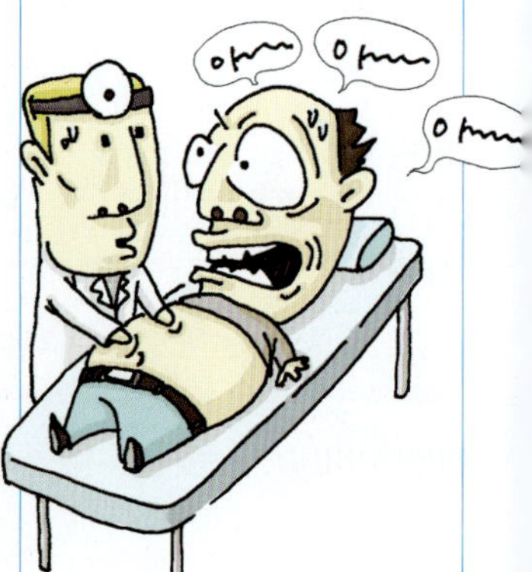

이 약을 어떻게 복용하죠?
How do I take this medicine?
하우 두 아이 테익 디스 메디씬?

얼마나 자주 복용해야 하나요?
How often do I take this pill?
하우 오픈 두 아이 테익 디스 필?

하루에 몇 알을 복용해야 하나요?
How many tablets should I take a day?
하우 매니 타블릿츠 슈드 아이 테이크 어 데이?

식사 전에 복용해야 하나요?
Should I take it before eating?
슈드 아이 테이크 잇 비포어 이링?

부작용은 없나요?
Are there any side effects?
아 데어 애니 사이드 이훽츠?

알레르기 있으세요?
Do you have any allergies?
두 유 해브 애니 알러지스?

이게 고통을 완화시켜줄 것입니다.
This will relieve your pain.
디스 윌 륄리브 유어 패인.

이걸 복용하면 통증이 나아질 것입니다.
If you take this pill, it will ease your pain.
이프 유 테이크 디스 필, 잇 윌 이즈 유얼 페인.

얼마 동안이나 안정을 취해야 하나요?
How long do I have to stay at home?
하우 롱 두 아이 해브 투 스테이 앳 홈?

여행을 잠시 멈춰야만 하나요?
Do I have to stop traveling for a while?
두 아이 해브 투 스탑 트뤠블링 포 러 와일?

지금은 한결 나아졌어요.
I feel much better now.
아이 필 머취 베러 나우.

GO

오스트리아
Austria

- **초판 인쇄일** _ 2008년 12월 2일
- **초판 발행일** _ 2008년 12월 9일
- **발행인** _ 박정모
- **발행처** _ 도서출판 혜지원
- **주소** _ 서울시 동대문구 장안 1동 420-3호
- **전화** _ 영업부 02)2212-1227, 2213-1227
- **전화** _ 편집부 02)2249-7975
- **팩스** _ 02)2247-1227
- **홈페이지** _ http://www.hyejiwon.co.kr
- **지은이** _ MOOK 편집실
- **기획 · 진행** _ 이영희, 유신향
- **교정 · 교열** _ 유신향
- **디자인, 본문편집** _ 박애리
- **표지디자인** _ 김경미
- **영업마케팅** _ 김남권, 황대일, 고광수, 서지영
- **ISBN** _ 978-89-8379-577-9
            978-89-8379-539-7 (세트)
- **정가** _ 7,800원

우리은행 환율우대 쿠폰안내

- 본 쿠폰은 1인 1회에 한하여 사용가능합니다.(개인에 한함)
- 우리은행 전 영업점(인천국제공항지점 제외)에서 외화현찰, 여행자수표를 환전하거나
  해외송금시 우대환율을 적용하여 드립니다.(중국화폐CNY는 30% 우대)
  – 할인우대율 : 당일고시 매매기준율과 대고객매매율 차이의 환전수수료 50~30%를 우대
- 본 쿠폰은 다른 우대조치와 중복하여 사용하실 수 없으며, 우대율은 은행사정에따라 조정될 수 있습니다.

유학이주센터

세종로 유학이주센터	02)399-2742	목동 유학이주센터	02)2652-4030	테헤란로 유학이주센터	02)554-3071/3
연희동 유학이주센터	02)324-7001	종로 YMCA 유학이주센터	02)738-8472	연세 유학이주센터	02)313-3198
압구정동 유학이주센터	02)541-2947	대치역 유학이주센터	02)569-9031	대치남 유학이주센터	02)567-0483
분당중앙 유학이주센터	031)704-1541	일산중앙 유학이주센터	031)919-0501	서면 유학이주센터	051)804-2007
도곡스위트 유학이주센터	02)2058-1100	수영만 유학이주센터	051)747-9701		

※ 무료상담전화 : 080-365-5000

쿠폰사용방법

www.with09.net 접속 ···▷ 회원가입 후 가입경로 "동호회 추천" ···▷ 우측 코드란에 쿠폰 NO.W214619-1948입력 가입완료되시면 전품목 할인된 가격으로 표기됩니다.

❌ 대표상품

이민가방, 여행가방, 전통기념품, 트랜스, 전세계 플러그, 침낭, 압축팩, 전기장판,
전자사전 등 전세계 출국준비물 **국내 최저가 판매**

문의전화 : (02)374-6227 / 010-6313-1664

공항고속/센트럴시티 리무진 버스 할인권 안내

Limousine Bus Discount Coupon

★ 이용구간

- 인천국제공항 –▷ 강남 센트럴시티 방면
- 인천국제공항 –▷ 서울역, 용산역 방면

승차권 구입장소 : 입국장(1층) 4A, 10B 출입구 옆 승차권 판매소

| 성함 | | E-mail | | 내용을 기입하셔야 이용 가능합니다. |

★ 승차권 구입시 우대권 제출해 주십시오.(1인 1매에 한하여 타 쿠폰과 중복사용 불가)
★ 문의전화 : 센트럴시티 02)6282-0652 서울역 / 용산역 02)775-7915

공항고속/센트럴시티 리무진 버스 할인권 안내

Limousine Bus Discount Coupon

★ 이용구간

- 센트럴시티 –▷ 인천국제공항(센트럴시티내 호남선터미널 1층 리무진 매표소)
- 서울역 –▷ 인천국제공항(서울역 광장 역전파출소 앞 리무진 매표소)
- 용산역 –▷ 인천국제공항(용산역 지상3층 달 주차장 리무진 매표소)

| 성함 | | E-mail | | 내용을 기입하셔야 이용 가능합니다. |

★ 승차권 구입시 우대권 제출해 주십시오.(1인 1매에 한하여 타 쿠폰과 중복사용 불가)
★ 문의전화 : 센트럴시티 02)6282-0652 서울역 / 용산역 02)775-7915